SAINT–AMAND

ou

LE JARDINIER DE VERSAILLES

PAR Mme C. DE MOIZÉ,

AUTEUR

de *Stéphanie* (roman de lettres), de *la Dame de Charité*,
de deux volumes de *Nouvelles*, d'*Eugénie de Montreuil*, d'*Un Voyage*,
de *Régina ou une Chanoinesse*, etc., etc.

PARIS

TYPOGRAPHIE HENNUYER, RUE DU BOULEVARD, 7. BATIGNOLLES.
Boulevard extérieur de Paris.

1855

SAINT-AMAND

OU

LE JARDINIER DE VERSAILLES.

TYPOGRAPHIE HENNUYER, RUE DU BOULEVARD, 7.
Batignolles.

SAINT—AMAND

ou

LE JARDINIER DE VERSAILLES

PAR Mme C. DE MOIZÉ,

AUTEUR

de *Stéphanie* (roman de lettres), de *la Dame de Charité*,
de deux volumes de *Nouvelles*, d'*Eugénie de Montreuil*, d'*Un Voyage*,
de *Regina ou une Chanoinesse*, etc., etc.

PARIS

IMPRIMERIE DE HENNUYER, RUE DU BOULEVARD, 7. BATIGNOLLES.
Boulevard extérieur de Paris.

1855

ou

LE JARDINIER DE VERSAILLES.

CHAPITRE PREMIER.

VISITE A LA PETITE MAISON DES MARAIS DE VERSAILLES PAR Mmes DE LA SALLE ET SAINT-ALBE.

—Vous voyez, chère amie, que je suis exacte au rendez-vous. Nous aurons le plus beau temps du monde. Charles sera bien surpris de me voir avec vous; il me croit encore en Allemagne. Mais, dépêchez-vous donc. Passé une certaine heure, on n'entre plus à Saint-Cyr, ce superbe établissement que vous êtes si curieuse de connaître, et qui est une des premières institutions que nous devons au calme qui vient de succéder au gouvernement de la Terreur et à celui du Directoire exécutif.

— Je suis prête, répond Mme de Saint-Albe en terminant sa toilette.

Elles partent aussitôt. En revenant de Saint-Cyr, où elles sont arrivées un peu tard, ces dames prennent l'avenue de peupliers que l'on aperçoit à droite. Elles détournent ensuite à gauche, et se trouvent en face d'un massif d'aca-cias qui masque en partie la façade d'une maison de fort peu d'apparence.

— C'est ici, dit Mme de La Salle, regardez bien ; vous voyez au rez-de-chaussée une fenêtre ouverte.

— Oui, répond M. de Saint-Albe, et j'aperçois aussi une jeune fille en deuil, placée devant un métier à broder ; elle a l'air fort jolie, et paraît très-occupée de son ouvrage. Au fond de la pièce est un piano, au-dessus duquel est placé un portrait en pied, et, autant que ma lorgnette me sert fidèlement, c'est celui d'un officier général dans tout l'éclat de la jeunesse.

— Vous voyez parfaitement, ma chère amie. C'est celui de cet homme dont l'existence vraiment fabuleuse, l'éducation, les talents, les vertus, dont il a donné tant de preuves, brillèrent à une époque où tout cela était rare, difficile à acquérir et à pratiquer pour les jeunes gens.

—Ce que je sais de sa vie politique m'a donné de lui la plus haute idée, et je suis heureuse de penser que mon pauvre Charles pourra profiter d'un aussi noble appui. Mais laissons là ces considérations personnelles. Ce que je suis vraiment curieuse de connaître, c'est sa vie privée. Vous m'avez promis, chère amie, de me communiquer les notes que vous avez recueillies à ce sujet.

— Volontiers, répond Mme de La

Salle; demain soir, en prenant le thé
chez moi, je vous ferai cette lecture.
J'engagerai M. A. M., qui pourra me
suppléer lorsque je serai fatiguée. C'est
un homme très-aimable que M. A. M.,
un peu caustique; mais il est toujours
si heureux de se rencontrer avec vous,
qu'il sera charmant.

— Il m'intéresse aussi beaucoup, et
malgré votre critique, ma chère dame,
je trouve en lui le type remarquable
de tout ce qui est bien.

— Mais voilà Charles qui vient nous
joindre avec un de ses camarades. C'est
le frère de la jeune personne en deuil
que vous voyez travailler près de la fenêtre. Il va nous engager à entrer, mais

je ne puis prolonger davantage mon absence de chez moi.

— C'est bien fâcheux, dit Charles,
qui a entendu les dernières paroles de
Mᵐᵉ de Saint-Albe.

Dans cet instant, la jeune personne,
qui est Mˡˡᵉ Derville, apercevant son
frère, quitte son ouvrage, et vient elle-
même ouvrir la porte de la grille du
jardin. Elle insiste vivement pour faire
entrer ces dames, mais c'est inutilement; pressées de se rendre à l'embar-
cadère, elles se hâtent seulement de
parcourir le jardin. Le potager est immense, les arbres sont chargés de fruits.
On trouve partout le luxe d'une riche
nature, et la récompense d'un labeur

persévérant ; c'est un confortable acquis par le travail. Un magnifique bouquet est offert par les deux élèves de Saint-Cyr à ces dames, qui partent enfin, en se promettant bien de venir passer une journée entière dans cette charmante retraite, où tout les intéresse si vivement.

CHAPITRE II.

RÉUNION CHEZ Mme DE LA SALLE. — LECTURE
DU MANUSCRIT. — L'ORAGE.

Le lendemain, à l'heure conve-
nue, quelques amis, réunis chez
Mme de La Salle, faubourg Saint-Honoré, entouraient un guéridon recou-
vert d'un tapis sur lequel se trouvait

1.

placé un manuscrit ayant pour titre :

LE JARDINIER DE VERSAILLES.

Une lampe, surmontée d'un élégant abat-jour, invitait, par sa douce clarté, à la lecture de ce manuscrit, dont toutes les personnes présentes paraissaient curieuses de connaître le contenu.

M. A. M. s'en empare, et commence ainsi :

—Que faites-vous donc sur ce balcon, la croisée ouverte? l'humidité me prend à la gorge.

— Mais, madame, c'est qu'Amand est en retard ; il devait cependant m'apporter aujourd'hui des petits pois et des fraises.

— Mais j'entends son cri accoutumé. Le voilà.

— La pluie redouble, et les éclairs. Je descends.

— Allez doucement.

La recommandation est inutile. Honorine, malgré ses soixante-dix ans, fait tout avec vivacité. Elle tombe en franchissant la troisième marche de l'escalier qui conduit sur l'avenue. Sa maîtresse, qui a entendu et prévu sa chute, la suit, l'aide à se relever, et ouvre elle-même la porte au jeune homme, qui vient de déposer sa hotte à l'entrée de la maison ; et, comme il pleut à verse, cette fois on le fait entrer dans la salle basse, et Mlle Morand , après avoir contraint sa vieille gouvernante à s'asseoir, et s'être assurée qu'elle n'est pas blessée, fait elle-même son marché. Les prix sont tellement modérés, qu'elle ne marchande pas ; d'ailleurs, le jeune jardinier l'intéresse vivement.

— Quel âge avez-vous ?

— Quinze ans.

— Vous en paraissez au moins dix-huit.

— Tant mieux, madame, cela prouve que je suis très-fort.

— Vous êtes d'une bonne santé ?

— Je ne suis jamais malade.

— Votre père est jardinier ?

— Non, madame.

— Quel est donc son état ?

— Il n'en a pas. Il est aveugle depuis longtemps, mais il est propriétaire de notre petit bien.

— Votre mère ?

— Elle est morte en donnant le jour à mon frère, qui n'a que cinq ans ; mais j'ai une grande sœur qui a treize ans. C'est elle qui tient le ménage, qui soigne mon père, qui prépare la nourriture.

— Pauvre petite, fit Mlle Morand attendrie, elle fait tout cela à treize ans ?

— Oui, madame, et moi je fais valoir le verger ; j'ai même loué une pièce de terre pour agrandir la culture des primeurs.

— Comment avez-vous pu acquérir les connaissances nécessaires pour réussir dans ces sortes de cultures?

— Mon père était très-bon horticulteur, il m'a dirigé par ses conseils, et en travaillant j'ai fait moi-même des découvertes dans cette partie.

— C'est bien, mon enfant; et encore vendez-vous votre marchandise?

— Pas toujours, madame.

— Je vous recommanderai à mes amies.

— Merci, madame.

— Avez-vous des fleurs?

— Oui, madame, toutes sortes de roses.

— Vous venez trois fois par semaine;

apportez-moi toujours un bouquet.

A dater de cette époque, Mlle Morand recevait toujours elle-même son petit fournisseur, et, dans ces temps désastreux et dans sa retraite ignorée, elle avait des primeurs à discrétion, à une époque où tout le monde s'en passait. Bientôt tous les habitants de l'avenue et des maisons voisines adoptèrent exclusivement le jeune Amand, et il ne sortait jamais de l'avenue sans avoir entièrement vidé sa hotte. Son marché terminé ainsi promptement, il se rendait ensuite où il avait besoin pour porter à sa famille les objets de première nécessité. Honorine lui donnait ses conseils quand il s'agissait d'emplettes pour sa sœur. Elle raffolait de son jeune protégé.

Mais, hélas ! un lâche délateur ayant fait connaître la retraite de l'abbé Morand, réfugié chez sa sœur, il fut obligé d'aller demander un asile à un ami plus éloigné. Mlle Morand, rentrée dans Paris, s'était mariée peu de temps après avec un commissaire des guerres. Elle oublia entièrement son jeune horticulteur. Honorine était restée gardienne de la jolie villa. C'était sa retraite.

CHAPITRE III.

VOYAGE. — RENCONTRE IMPRÉVUE. — UN BAL.

Mlle Morand, devenue Mme de La Salle, suivit son mari à l'armée. Il était parvenu au grade d'intendant militaire de la jeune garde. C'était la récompense de plusieurs années de service. Le quartier général était à Brieg, où on avait trouvé des subsistances considérables. Tous les magasins de l'armée s'organisaient. Mme de La Salle, en raison de la haute position de son mari, était pour ainsi dire obligée d'avoir table ouverte. Brieg est une belle et forte ville de la Silésie prussienne, située sur la rive gauche de l'Oder, à environ onze lieues sud-est de Breslau. Cette ville a été prise en 1741 par le roi de Prusse Frédéric II, qui la fit fortifier et augmenter considérablement.

M. de La Salle prévint un jour sa femme qu'il lui amènerait à dîner un officier d'ordonnance de l'Empereur, avec lequel il était intimement lié; mais son service l'ayant retenu, ils se firent attendre.

La nouvelle du jour était la nomination d'un jeune marquis, dernier rejeton d'une illustre famille, dont tous les membres avaient péri dans la Révolution de 93. Ce jeune homme, honoré de la bienveillance de l'Empereur, admis au nombre de ses officiers d'ordonnance, venait d'être promu au grade de lieutenant-colonel, ayant eu le bonheur de venir au secours de l'Empereur, et de l'aider à se sauver d'une échauffourée où sa vie et sa liberté pouvaient être compromises.

Toutes les personnes qui étaient dans le salon de Mme de La Salle s'entreteñaient de cet événement, regardaient cette nomination comme un acte de justice, et lorsque M. de La Salle fit son entrée chez lui, accompagné du héros du jour, ce fut une véritable ovation pour le jeune homme.

On se mit aussitôt à table.

Mme de La Salle, ayant disposé en faveur de deux personnages très-haut placés et d'un âge avancé des places qui se trouvaient à sa droite et à sa gauche, crut devoir dédommager le jeune lieutenant-colonel en le plaçant vis-à-vis d'elle, entre deux très-jolies femmes. Elle put s'apercevoir alors qu'il était remarquablement bien, une tournure distinguée, bien pris dans sa taille, de grands

yeux bleus, des cheveux et des favoris
très-noirs, une expression de physionomie à la fois intelligente, vive et intéressante. Satisfaite de cet examen, elle
en était tellement préoccupée, qu'elle
eut des distractions, dont son voisin de
droite la fit *malicieusement* apercevoir.

La même préoccupation agissait aussi
visiblement sur le jeune homme, qui
fut quelques instants l'objet de la *raille-
rie* de sa jolie voisine de gauche.

Après le dîner, la société se rendit
dans le salon et dans un délicieux parterre qui se trouvait de plain-pied.

Mme de La Salle ayant accepté le bras
du jeune marquis, elle le conduisit à sa
serre, et s'empressait de lui montrer sa

collection de roses, dont elle était toute fière.

—Elle s'est augmentée, madame, de sept espèces nouvelles, depuis l'époque où vous habitiez avec M. l'abbé Morand, votre frère, votre jolie villa des environs de Versailles.

— Comment, c'est vous, Amand ?

— Oui, madame, veuillez pardonner à votre ancien marchand de légumes d'être venu aujourd'hui si familièrement s'asseoir à votre table.

— Je ne suis plus surprise de cette ressemblance qui m'a donné tant de préoccupation pendant le dîner, et que j'avais fini par attribuer au hasard.

— Quant à moi, madame, j'ai reconnu tout de suite dans Mme de La Salle Mlle Morand, et je n'attendais pas sans impatience ce moment, que je saisis avec empressement. Combien je suis heureux, madame, de pouvoir vous exprimer toute ma reconnaissance, car c'est à vous que je suis redevable de ce que je suis actuellement, de ce que je puis devenir un jour.

— Comment cela? vous me surprenez beaucoup. Mais voilà M. de La Salle et toute la société qui se dirigent par ici.

— Soyez assurée, madame, que je ne me coucherai pas sans vous avoir fait connaître par écrit l'emploi des cinq

années de ma vie qui viennent de s'é-
couler.

— C'est avec le plus vif intérêt que
j'en prendrai connaissance. Je compte
sur l'engagement que vous venez de
contracter.

Amaud prend la main de Mme de La
Salle, et la presse contre ses lèvres

—Voyez cette rose thé, colonel, elle
est d'une admirable beauté ; et ces
églantines amarantes panachées.

— Te voilà dans ton centre, ma
chère, fit M. de La Salle à sa femme. Tu
pousses la manie des fleurs à l'excès.

— Je me félicite tous les jours d'avoir
ces goûts-là, mon ami ; je leur dois les

plus douces distractions de ma vie.

Une délicieuse harmonie rappelle la société au salon, et la soirée se termine par un bal.

[illegible]

[illegible]
[illegible]
[illegible]

[illegible]

[illegible]

[illegible]

[illegible]

CHAPITRE IV.

LETTRE DU MARQUIS DE SAINT-AMAND A Mme DE LA SALLE. — LEÇONS DE LECTURE. — UNE BRANCHE D'ÉGLANTINE.

—

Mme de La Salle, fatiguée de sa réception de la veille, le bal s'étant prolongé très-tard, était encore couchée lorsqu'elle reçut de la part du colonel Saint-Amand un paquet sous enveloppe, qui contenait le récit suivant :

Dans la périlleuse carrière que je parcours, il faut mettre les instants à profit. Demain ou après-demain, peut-être, il ne sera plus en mon pouvoir de payer cette dette à la reconnaissance.

Pour mettre de l'ordre dans mon récit, je vais d'abord, madame, vous faire connaître quelques antécédents qui ont rapport à ma famille.

Le marquis de Saint-Amand, mon père, d'une très-ancienne mais pauvre noblesse, officier de la maison du roi, ne la quitta qu'à la mort de cet infortuné martyr. Cependant il ne voulut pas émigrer; il vint ensuite, après la plus horrible catastrophe des temps modernes, se retirer avec ses trois enfants dans une petite propriété de fort peu d'apparence, qu'il possédait aux environs de Versailles, sous le simple nom d'Amand. Il dut son salut à son obscurité. Mais, atteint d'une maladie du cœur, et frappé d'une cruelle cécité, il eût péri dans un dénûment complet si je n'étais parvenu, malgré mon ex-trême jeunesse, à mettre en rapport notre petit domaine. Mes succès à cet égard surpassèrent mon attente, et vous intéressèrent tellement, madame, qu'a-près votre départ je continuai à avoir un débit étonnant des produits de mon industrie. Deux ans se passèrent ainsi. La bonne Honorine ne cessait d'être pour moi une amie dévouée. Cependant, le temps, que rien n'arrête, amenait à grands pas les événements qui devaient opérer dans l'âme de votre protégé une révolution morale.

Arrivé un jour, comme à mon ordinaire, à la porte de votre habitation, après avoir fait entendre deux fois de suite mon cri accoutumé, et déposé ma hotte, votre vieille gouvernante se fit longtemps attendre; elle vint enfin, en tremblotant, ouvrir la porte avec peine, et me dit brusquement : «Jeune homme, je n'ai besoin de rien aujourd'hui; mais rendez-moi le service de porter à son adresse cette branche d'églantine, et surtout ne laissez lire ni voir à personne le petit papier qui y est joint. Allez, mon enfant, que Dieu vous conduise, Vous pouvez laisser là votre hotte. » Ayant aussitôt refermé la porte, je restai possesseur d'une branche d'églantine, soigneusement enveloppée d'un papier cacheté. Quelques lignes étaient tracées sur ce papier. Mais, ô douleur! mon ignorance est telle que je ne peux les lire. Cependant, d'après la recommandation d'Honorine, je ne peux confier mon secret à personne.

Il me vint à la pensée que l'abbé Morand m'avait offert souvent, même dans sa nouvelle retraite qui m'était connue, de me donner les premiers éléments de l'éducation lorsque je pourrais disposer de quelques instants, Mais, toujours

empêché par mes occupations journa-
lières, qui allaient toujours croissant ;
je n'avais pu jusqu'alors profiter de ses
offres obligeantes.

Je me dirige de ce côté par bonheur ;
il m'aperçoit, il est assis près de la croisée, au rez-de-chaussée, et vient m'ouvrir lui-même.

— Permettez-moi, lui dis-je en entrant, de profiter aujourd'hui de vos
offres obligeantes. Je voudrais bien
commencer par apprendre à lire l'é-
criture, car, à la rigueur, on peut se
passer de lire dans un livre ; mais, si
l'on vous écrit, il est bien terrible d'être
obligé de communiquer son secret à
quelqu'un, de faire connaître ce qui

vous est adressé. Je vais tout de suite prendre ma première leçon. Faites-moi lire, monsieur l'abbé, je vous prie, dans un peu d'écriture.

— Volontiers, mon enfant, mais je n'ai rien là ; cette diable de goutte m'empêche de monter. Voyons, je trouverai peut-être dans ma poche quelques chiffons de papiers. Précisément, tiens, lis cette adresse :

— Ceci est un *a*, ceci est un *m*; M. Martin, chez Mlle Brossard.

— Mais tu sais ces noms-là ; tu devines.

— C'est égal, monsieur l'abbé, cela m'apprend tout de même.

Après avoir fait quelques essais de ce

genre, aidé par votre vénérable parent
avec une patience admirable, je lui de-
mandai la permission d'emporter quel-
ques-unes de ces adresses, afin d'étu-
dier tout seul.

Assis sur le bord d'un fossé, je parvins, en comparant toutes les lettres, à
trouver le nom de Mme Derville, em-
ployée à la manufacture de porcelaine
de Sèvres.

Je pars aussitôt après cette décou-
verte, et arrive haletant à l'entrée de
la célèbre manufacture, incertain encore si j'ai bien lu ; mais je ne me suis
pas trompé.

— Mme Derville, dis-je au concierge,
est-elle ici ?

— Oui, mon ami, l'escalier à droite, au second étage, la porte en face du corridor. Entrez sans frapper, poussez la porte rembourrée.

— Mme Derville? dis-je, en me conformant avec exactitude aux instructions qui m'avaient été données.

— C'est ici, c'est moi, répond une douce voix, qui devait être celle d'un ange.

Je reste saisi d'admiration et dans un heureux enchantement en me trouvant en présence d'une très-jeune personne assise devant un chevalet. La blouse grise qui l'enveloppe n'ôte rien à l'élégance de sa taille, fortement serrée par une petite écharpe verte. Ses beaux cheveux bruns sont relevés avec tant de négligence, qu'ils tombent en partie sur son joli cou.

— C'est pour vous, madame, dis-je en hésitant; car l'aimable enfant que j'avais devant les yeux ne me paraissait pas une femme; c'est pour vous, cette branche d'églantine.

— Certainement, je l'attendais avec impatience. Qu'elle est jolie! trois boutons seulement sont éclos, et forment une petite guirlande, dit-elle en la posant dans un vase rustique.

Voilà donc, dit-elle en laissant tomber quelques larmes, le seul souvenir qui me restera de mon bienfaiteur, de l'homme à qui je dois et *l'honneur* et *la vie.*

Mais ne les laissons pas se faner. Ces fleurs délicates sont si jolies sur la porcelaine.

Elle se met aussitôt à peindre, et oublie complétement le personnage muet placé devant elle, qui, tout à son admiration, comprend, pour la première fois, le prix de *l'instruction*, de *la beauté et des talents.*

La jeune personne ayant terminé son esquisse :

— Viens donc, chère amie, viens donc voir ma branche d'églantine.

— Et comment voulez-vous que je vienne, répond une personne âgée, assise dans l’embrasure d’une fenêtre, et que je n’avais pas remarquée.

Si j’avais pu me lever, j’aurais fait rafraîchir ce jeune commissionnaire que tu laisses là debout depuis je ne sais combien de temps.

— Tenez, mon enfant, approchez ; voilà une petite pièce d’argent ; c’est peu de chose, mais nous ne sommes pas riches ! Allez vous rafraîchir. Vous venez de faire une grande course. Adieu, mon enfant, vous savez le chemin pour vous en retourner, puisque vous êtes commissionnaire ?

— Non, madame, repris-je, rouge de honte, je suis jardinier.

En disant cela, je déposai la petite pièce d'argent sur un meuble placé près de moi.

— *Quelle noble fierté !* dit la jeune artiste en souriant finement, et en levant enfin ses *beaux yeux sur moi.*

Je saluai et me retirai aussitôt, en proie à une infinité d'émotions nouvelles.

La chaleur était extrême. A l'entrée du bois qu'il me fallait traverser, j'éprouvai le besoin irrésistible de me reposer, et bientôt, sans m'en apercevoir, je sucombai à un sommeil profond.

CHAPITRE V.

LE SONGE. — MATHURINE. — NOUVEAUX ARRANGEMENTS.

—

Un songe vint alors enchanter tous mes sens. Des chants guerriers se font entendre, et, comme aux jours de sa jeunesse, mon père, que j'avais laissé gisant sur son lit de douleur, m'apparaît au milieu d'un brillant escadron, vêtu d'un riche uniforme, la poitrine couverte d'insignes d'honneur, monté sur un coursier magnifique. En m'apercevant, il en descend, et, d'un regard impérieux, il me donne l'ordre de monter sur le superbe animal, qui, plein d'ardeur, m'enlève et s'enfuit avec rapidité. Il parcourt des chemins difficiles, franchit des abîmes. J'entends partout le cliquetis des armes; la musique guerrière entonne des chants de triomphe. Mon coursier s'arrête à la porte du temple, où beaucoup de personnes s'empressent d'arriver.

J'aperçois la noble figure de mon père, debout sur le portique; il me montre l'inscription gravée au-dessus du frontispice, C'est le temple de la Gloire.

Mais, pour y arriver, il faut franchir un fossé profond. Confiant dans l'agilité de mon coursier, je fais le saut périlleux. Je tombe et m'éveille aussitôt, abîmé de lassitude, et douloureusement rendu à la réalité de ma triste existence, péniblement préoccupé surtout du vide que mon absence a dû causer chez mon père, et des inquiétudes auxquelles il doit être en proie.

Deux personnes sont assises en face de moi, c'est la bonne Honorine et le jeune docteur Durieu.

—Je vous cherchais, mon enfant, me

dit le médecin ; mais vous voyant profondément endormi, j'ai craint de vous
éveiller, sachant que vous veniez de
faire une grande course.

Mais, puisque vous vous êtes éveillé
de vous-même, hâtez-vous de vous
rendre près de votre père ; il vous attend. Allez promptement.

Je me lève, et retombe aussitôt malgré moi.

—Vous paraissez bien fatigué, Amand ;
voyons, du courage !

Le changement survenu dans ma
physionomie inquiète le bon docteur.
Apercevant la voiture de Mathurine qui
revient de Paris vendre son lait :

— Arrêtez ! vous allez, ma chère Mathurine, me faire l'amitié de déposer ce jeune homme chez son père ; vous voyez qu'il est malade.

— Le marchand de légumes, répond la laitière, *ma fi non*. Il nous a fait trop de tort avec ses primeurs. Tiens, cela serait commode, de le voiturer à présent. Hue, hue, en avant !

— Montez toujours, me fit le jeune médecin en prenant la bride du cheval.

Dites donc, Mathurine, ne vouliez-vous pas un nourrisson ? Où en êtes-vous de votre grossesse ?

— Mais, au sixième mois.

— C'est cela ; Mme Courtade, la grosse épicière qui demeure sur la place, accouchera à la même époque : cinquante francs par mois, du sucre, du savon ; c'est qu'il est cher, le sucre !

—Faites donc attention. Il me pousse, le gamin. Vous voyez, monsieur le docteur, je le laisse s'installer sur la banquette du fond. Jacques dit toujours que vous faites de moi ce que vous voulez.

— Adieu, ma bonne Mathurine ; j'irai vous voir demain, j'ai à causer avec votre mari.

Nous partons au grand trot.

En approchant de notre modeste demeure, j'aperçus ma sœur assise sur la banquette de pierre qui est à l'entrée de la porte.

—Qu'a donc cette pimbêche à pleurer? dit Mathurine. Descendez; tiens, il a trouvé ses jambes. Merci.

Effectivement, j'étais si péniblement préoccupé, que j'avais oublié de la *remercier*.

La désolation de ma sœur ne me permettait pas de douter du malheur dont j'étais menacé. J'arrive précipitamment près de mon père, et le trouve au plus haut degré de la maladie. La cécité complète dont il est frappé depuis long-temps l'empêche de s'apercevoir de la présence de son fils aîné.

—Mon père! mon père! sont les seuls mots que je puis articuler.

Mon jeune frère, abîmé dans une consternation muette, malgré son extrême jeunesse, a déjà le pressentiment du malheur qui va nous accabler.

Ma sœur, prosternée près du lit, s'empare d'une de ses mains, qu'elle couvre de baisers et de larmes ; de l'autre, il me presse contre son cœur, et nous montre ensuite le ciel. Puis, sa physionomie prenant un caractère austère, il nous donne sa bénédiction, que nous recevons tous les trois à genoux.

L'abbé Morand, le docteur Durieu, et Honorine, viennent d'entrer, et assistent à cette scène de douleur, à cet adieu qui doit précéder son entrée dans la céleste patrie.

Un long silence succède à tant d'émotions. Le lendemain, à la même heure, orphelin de père et de mère, je devenais, avec un nom proscrit, l'unique appui de ma sœur et de mon frère. Quelques jours après, en réfléchissant à mon extrême pauvreté, je me serais livré au désespoir, si, par les yeux de la foi, je n'avais pas cru voir mon père priant et veillant sur sa jeune famille. Le cœur humain n'a-t-il pas des replis inextricables où plus d'une douleur secrète reste ensevelie? C'est un livre aux innombrables feuillets.

Mais où m'emportent de pénibles souvenirs! Je suis bien loin de mon sujet. Je sens le besoin de me recueillir : ma tête est brûlante; mes pensées, mes résolutions sont celles d'un homme de trente ans.

Je parcours mon petit domaine, et cherche à en connaître la valeur. Depuis quelques jours, n'ayant pu m'occuper de mes soins ordinaires, la chaleur, la sécheresse ont occasionné des ravages affreux.

Je ne me sens plus le courage d'aller vendre comme à mon ordinaire. La dernière fois que j'avais été au marché, je fus l'objet des plaisanteries de quelques jeunes gens qui, me croyant sans doute bien plus âgé que je n'étais, avaient affecté de dire, de manière à ce que je les entendisse, qu'il était absurde que je ne préférasse pas la carrière militaire et le bonheur de servir la patrie à la paresse d'une pareille vie. Dans mon indignation , j'allai consulter M. Morand, et lui demander ses conseils et ses avis; mais je ne parvins pas de suite à découvrir sa retraite. Les nouveaux événements qui venaient de s'accomplir faisaient naître de nouvelles idées. J'étais plongé dans mes pénibles préoccupations , lorsque j'aperçus au bout de l'allée Mathurine, Jacques son mari, et le docteur Durieu, qui venaient à moi.

— Amand, me dit-il, l'abbé Morand vous demande, il vous attend dans la salle basse. Allez, mon jeune ami, suivez ses conseils ; dépositaire des dernières volontés de votre père, il est pénétré, ainsi que moi, du désir de vous être utile, malgré les difficultés sans nombre qui, dans les temps désastreux où nous vivons, nous obligent à de grands ménagements, en raison du nom que vous portez. Voici Mathurine et son mari qui viennent pour traiter de votre petit enclos. Ils ont acheté la pièce de terre que vous aviez louée pour étendre votre culture; et ne demandent pas mieux que de vous tenir compte des frais. Ils vous feront une petite rente, et la maisonnette vous restera avec le petit parterre qui l'entoure. Je vais continuer, avec ces braves gens, à faire ma tournée dans vos *domaines*, continue le jeune médecin en *souriant*, et en passant gravement le bras de Mathurine sous le sien.

— Mon cher Amand, asseyons-nous sous ces tilleuls, et écoutez-moi avec attention.

Le moment est venu, me dit votre respectable parent, où il faut absolument acquérir l'instruction nécessaire pour tenir honorablement votre place dans la société. Les nobles antécédents de votre famille doivent vous donner le désir de vous distinguer. La tourmente révolutionnaire s'éloigne, on peut commencer à respirer librement, et je puis, sans crainte, ouvrir une institution. J'ai déjà réuni trois élèves, vous serez le quatrième ; et si Dieu bénit mes efforts, vous aurez bientôt, j'espère, rattrapé le temps perdu. Je n'ai pas besoin de vous dire qu'il sera prudent de faire mystère de mon caractère ecclésiastique. Je serai tout simplement M. Morand, professeur.

Je prends possession, pour mon naissant établissement, de la maison qui appartenait à ma sœur. Honorine continuera à être votre ménagère, et vous trouverez chez moi, mon jeune ami, les soins de famille dont vous avez bien besoin, car votre santé est fortement altérée. Je vous emmène tout de suite avec moi, par ordre du docteur.

Je saisis ma sœur par la main.

— Soyez sans inquiétude; tout est prévu par la tendre sollicitude de votre père. Cette petite maison va être habitée par Mme Derville et sa respectable parente, et votre sœur Augusta trouvera en elle une mère, une sœur, une amie dévouée, je vous en réponds; car elle ne fera qu'acquitter une dette à la reconnaissance qu'elle doit à l'homme généreux dont nous déplorons la perte. Ceci demande une explication qu'il serait trop long de vous donner actuellement, mais que je vous promets plus tard.

On sonne à la grille du jardin.

C'est une jeune dame accompagnée

d'une femme âgée ; une voiture est à la porte, remplie de bagages.

M. Morand va au-devant de ces dames, et leur présente Mlle Augusta de Saint-Amand, dont les yeux sont remplis de larmes, en embrassant son frère qui la quitte, entraîné par M. Morand. Une voiture nous attend. Comme j'y montais, en suivant mon vénérable mentor, je me retournai pour dire un dernier adieu à ce séjour si plein de souvenirs, et où je laissais ma jeune famille dont je ne m'étais jamais séparé, et pour laquelle je me sentais plus que jamais un *cœur de père.*

J'aperçus l'aimable docteur qui tenait par la main mon jeune frère, ma sœur qui me montrait le ciel; un peu plus loin, Mme Derville qui me faisait un signe d'adieu.

———————

CHAPITRE VI.

HISTOIRE DE Mme DERVILLE.

J'étais depuis quelques mois installé chez M. Morand, et entièrement captivé par des études qui remplissaient tous mes instants, et auxquelles je me livrais avec autant de plaisir que d'ardeur;

lorsqu'un jour je témoignai à mon digne professeur le désir d'aller voir ma famille.

— Volontiers, dit-il, mais il faut auparavant que je tienne ma promesse, et que je vous fasse connaître quelques particularités qui ont rapport à Mme Derville.

Asseyons-nous ici sous ce berceau de chèvrefeuille.

L'ange à qui vous avez été envoyé, porteur d'une branche d'églantine, où trois boutons seulement étaient éclos, devait devenir, en l'acceptant, la providence de la jeune famille que ces trois boutons représentaient au moment suprême où son chef allait lui être ravi

pour toujours ; c'était un signal con-
venu.

Mme Derville, quoique bien jeune encore, est déjà vieille pour le malheur.
Son père, ainsi que le vôtre, officier de
la maison du roi, étaient liés de la plus
sincère amitié. A la mort de Louis XVI,
de *sainte et douloureuse mémoire*, il périt
sur l'échafaud, ainsi que sa femme et
toute sa famille. Une seule enfant, nom-
mée Blanche, survécut, et resta dans
les cachots depuis l'âge de neuf ans jusqu'à dix. Héritière de l'immense fortune
de ses parents, un de leurs bourreaux
avait conçu l'espoir de la forcer à l'é-
pouser, et ne la laissait vivre qu'à cette
condition. Votre père, instruit de cette

iniquité, malgré le danger où il s'exposait en sortant de sa retraite, vint solliciter l'appui du citoyen Derville, célèbre avocat de cette époque, dont les opinions étaient tout à fait en opposition avec les siennes; mais d'ailleurs homme intègre, juste et plein d'humanité. Indigné de la conduite que l'on tenait à l'égard de cette malheureuse enfant, il obtint son jugement, plaida sa cause, et ne parvint cependant, malgré son entraînante éloquence, à l'arracher à la mort qu'en abandonnant à la nation toute sa fortune. Il envoya ensuite une de ses parentes, femme respectable, veuve d'un célèbre artiste de la manufacture de Sèvres, chercher la jeune Blanche de Saint-Mérand, que son long séjour dans les cachots avait réduite au plus triste état. Quelques mois après son installation auprès de cette femme bienfaisante, la pauvre enfant revenait à la vie. La tendre sollicitude de votre père pour cette jeune fille ne peut se comparer qu'à celle qu'il avait pour sa propre famille. Il était resté lié de la plus sincère amitié avec le célèbre avocat, qui, quelques années plus tard, dénoncé à son tour, allait périr victime d'une nouvelle faction ; mais Blanche, qui était devenue un artiste peintre célèbre, fut se jeter aux pieds de son persécuteur, et obtint sa grâce. Elle devait aux études sérieuses que le célèbre avocat lui avait fait faire une éloquence persuasive qui est si souvent l'apanage des femmes. Ses talents, réunis à une extrême beauté, la rendaient l'objet de vives recherches. Elle pria Derville de lui accorder le titre de sa femme; il n'eût jamais osé lui en faire la proposition, car il avait trente-cinq ans de plus qu'elle. Ayant consulté M. de Saint-Amand dans sa retraite, le mariage se fit; c'est moi qui leur ai donné la bénédiction nuptiale. L'aimable jeune fille était heureuse et fière de son choix; elle est l'objet de l'idolâtrie de sa vieille parente, et soutient, par son admirable talent, son mari dans l'exil, où il est obligé de rester encore quelque temps pour se soustraire à la persécution de ses ennemis.

Vous voyez, mon cher Amand, que vos protecteurs et vos amis ne sont ni riches ni puissants, mais ils ont confiance en Dieu; avec cela on est bien fort, même dans les temps où ses autels sont renversés. Vous avez apporté un courage héroïque, une intelligence rare pour votre âge dans les travaux que vous avez entrepris, et qui ont amené des résultats surprenants. Espérons que la même persévérance vous fera réussir dans les nouvelles études auxquelles vous allez vous livrer.

———

4.

CHAPITRE VII.

ADMISSION A L'ÉCOLE POLYTECHNIQUE. — SÉPARATION PÉNIBLE.—UN JOUR DE BONHEUR.—VISITE AU MANOIR. —SUCCÈS.

Je passerai rapidement, madame, sur les années que je consacrai à l'étude. Une noble émulation s'emparait généralement des jeunes gens de mon âge. L'horizon politique de la France

devenait brillant. Le chef de l'Etat ac-
cordait un généreux appui aux rejetons
infortunés des familles que la tourmente révolutionnaire n'avait pas
moissonnés.

Après de sévères examens, je fus admis à l'Ecole polytechnique, et le jour
où j'obtins cette faveur fut un jour de
bonheur pour mon digne mentor, malgré les regrets que nous éprouvions mu-
tuellement de nous séparer.

Cependant, comme aucun genre de
mérite n'échappe aux yeux clairvoyants
de l'Empereur, il a deviné, dans sa modeste retraite, le savant mathématicien,
et l'obligea, peu de temps après mon
admission, à sortir de l'obscurité, en le

plaçant à la tête du superbe établissement qu'il dirige à présent.

Comme vous le savez sans doute, madame, il serait difficile de vous peindre
le bonheur de ma sœur, de l'aimable
Mme Derville et de sa digne parente, enfin de tous les habitants de mon petit
domaine. Lorsque je vins les voir dans
mon élégant uniforme, je ne puis vous
exprimer, madame, de combien d'é-
motions diverses je fus saisi en voyant
ma sœur si belle. Mme Derville s'était
faite son institutrice, et la pauvre petite
fille, que j'avais laissée quelques années
auparavant ignorante, maladive et mal
vêtue, était maintenant une jeune personne charmante, instruite, et en état

de goûter plus que personne les fruits de l'intelligence,

Cependant un voile de mélancolie, qui a toujours été le type de son caractère, assombrit son charmant visage.

Notre habitation est devenue le temple du goût ; le petit parterre est un jardin anglais délicieux ; au milieu s'élève un pavillon : c'est l'atelier de Mme Derville, c'est aussi la salle d'étude, c'est là qu'Augusta vient s'instruire en jouant avec son amie.

Jacques fournit abondamment les fruits et les légumes, et paye avec exactitude la petite rente que j'ai entièrement abandonnée à ma sœur. Vigoureux, intelligent, il a fait une excellente affaire en me succédant; sa clientèle a considérablement augmenté; on vient de très-loin chez lui chercher des primeurs. Mathurine est heureuse et fière des succès de son mari, qui n'a pas de *rival* dans les marais *de Versailles*.

Les jours du bonheur passent rapidement; mais ils laissent dans l'âme un baume bienfaisant.

« Mon congé expiré, il fallut rentrer à l'Ecole, et, peu de temps après, j'eus le bonheur d'être désigné pour faire partie du corps d'armée qui devait se rendre en Silésie. C'était le prince Jérôme qui avait le commandement de cette armée. Une petite colonne, que j'avais l'honneur de commander, s'était portée à Liesbac, au delà de la petite rivière du Passarge, et avait enlevé la position. Ce fut un heureux début pour moi dans la carrière. Peu de temps après, j'eus le bonheur d'être appelé à prendre une part active à la bataille d'Eylau. L'Empereur se porta à la position de l'église, que l'ennemi avait si opiniâtrément défendue la veille. Comme on était dans la plus grande obscurité, le point de direction fut perdu; une neige épaisse couvrit les deux armées. Cette désolante situation dura une demi-heure. La division Saint-Hilaire, dont je faisais partie alors, tomba sur l'ennemi, qui voulut s'opposer à cette manœuvre. La cavalerie fut culbutée ; le massacre fut horrible. Notre cavalerie et notre artillerie ont fait des merveilles.

« Nous recommandons particulièrement à l'attention de Sa Majesté le jeune Saint-Amand. » Telle était la conclusion du rapport du général en chef, dont j'avais eu le bonheur de sauver la vie dans un moment où il avait eu son cheval tué sous lui. L'Empereur a voulu récompenser et attacher à sa personne le jeune homme dont on lui faisait un rapport si favorable ; j'ai eu le bonheur d'être admis au nombre de ses officiers d'ordonnance, et le bonheur plus grand encore, madame, de l'accompagner dans le voyage qu'il vient de faire, et où je devais retrouver dans la femme de mon meilleur ami la protectrice de mon enfance.

Vous avez été à même, madame, de suivre la marche de notre armée, ses revers et ses succès; j'ai donc cru devoir vous épargner une récapitulation de faits que votre tendre sollicitude pour votre mari a dû graver dans votre mémoire, puisque vous avez continuellement suivi le quartier général. Vous avez aussi connaissance de la dernière affaire, l'attaque désespérée de la redoute de Salnow, où les voltigeurs du 19e, que je commandais, se sont distingués d'une manière remarquable, ce qui m'a valu d'être nommé officier de la Légion d'honneur sur le champ de bataille.

Dans ce moment suprême, le plus beau de ma vie, j'ai cru arriver au portique du temple que l'ombre de mon père m'a désigné comme devant être le but de mes travaux [1].

Je ne sais ce que l'avenir me destine, mais si je péris au milieu des combats, je laisse sous votre égide tutélaire, madame, les êtres qui me sont chers à tant de titres. Jamais leurs douces images ne sortent de ma pensée ; souvent, au milieu des fêtes enivrantes qui succè-

[1] Le lecteur doit se rappeler le songe qui a précédé le changement de position de Saint-Amand.

dent aux rapides et incroyables succès de nos armées, les adorables figures de Mme Derville, d'Augusta, de mon frère, dominées par vous, madame, viennent délicieusement me sourire : bonheur pur et caché qui nous met en rapport, quoique bien loin d'eux, avec les êtres si tendrement aimés, qui ne vous connaît pas, ignore les plus douces jouissances de l'âme !

Le jour me surprend, madame; il faut vous quitter. Mon récit est terminé, puisse-t-il vous inspirer quelque intérêt !

CHAPITRE VIII.

DÉPART PRÉCIPITÉ. — SAINT-AMAND BLESSÉ. — NOBLE RÉCOMPENSE.

Mme de La Salle venait d'achever la lecture qui l'avait vivement touchée, et, tout en terminant sa toilette, se disait en elle-même : Il me tarde d'être à ce soir ; j'ai un projet que je veux communiquer à M. de Saint-Amand, et qui me sourit beaucoup.

On annonce le général de La Salle, frère de l'intendant militaire.

— Je viens, dit-il en entrant, ma sœur, prendre congé de vous; nous partons demain. Nous allons entreprendre le siége de Dantzick. Il est prudent, croyez-moi, que vous restiez au quartier général. Le salon se remplit de personnes que des intérêts de tout genre amènent chez l'intendant militaire. Il est question du départ précipité de l'Empereur, qui a eu lieu de grand matin, accompagné du colonel Saint-Amand.

Avez-vous entendu parler du célèbre chirurgien Durieu? Ce jeune homme est d'une habileté surprenante. Attaché seulement depuis fort peu de temps au chirurgien en chef, il vient de se faire remarquer et d'être nommé chirurgien en chef de l'ambulance.

— Mais je le connais, dit Mme de La Salle, il était mon médecin à Versailles.

— Précisément, et je devais vous le présenter ce soir. Mais cette existence étroite et bornée ne pouvait convenir à un homme comme lui, en état de faire faire à son art des progrès immenses. Il a été appelé à l'armée, et l'Empereur, toujours appréciateur du mérite de tout genre, l'a attaché à l'ambulance, et il rend les plus éminents services; il vient de sauver la vie au général Desjardins.

Ses soins, sa tendre sollicitude pour les blessés le font adorer : c'est un *engouement général*.

Quelques jours après, les journaux, en rendant compte de notre entrée victorieuse à Dantzick, annoncèrent que le colonel Saint-Amand avait été cruellement blessé, et donnait sur sa vie les plus cruelles inquiétudes ; il avait fait preuve dans cette circonstance, comme dans les précédentes, de l'abnégation qui le portait toujours à se dévouer à ses chefs, aux intérêts de sa patrie. Son noble cœur ne trouvait de bonheur qu'à se sacrifier sans cesse. Doué d'un caractère sérieux, d'une application aux sciences qui en font l'officier d'artillerie le plus distingué de notre époque, il ne cherche à tirer aucun parti de ses avantages personnels. Ses inférieurs, ainsi que ses camarades, sont certains de trouver en lui *un cœur de frère.*

Ce rapport était signé par le général en chef du corps d'armée où se trouvait le régiment du colonel de Saint-Amand, promu, par la munificence de l'Empereur, au grade de général de brigade d'artillerie.

Plus tard, de nouveaux bulletins annoncèrent que la vie du nouveau général ne donnait plus d'inquiétudes; mais, la convalescence devant être très-longue, il a été transporté au château

5.

de la princesse de Marienwerder, désirant donner, par sa présence chez cette respectable douairière, la sauvegarde nécessaire pour la préserver des horreurs de la guerre.

Le docteur Durieu a organisé tout de suite l'ambulance. Toujours actif, infatigable, il électrise ses employés. La princesse, femme aussi distinguée que bienfaisante, prend une part très-active à l'organisation de cet hôpital. Tous les châteaux voisins ont été la proie des flammes et du pillage; mais tout ce qui fait partie des immenses domaines de la princesse douairière de Marienwerder est respecté par ordre *supérieur*.

La salubrité de l'air, les soins intelligents donnés aux malades font de cet hôpital une maison de convalescence.

Cependant le docteur Durieu insiste à prescrire, pour son ami Saint-Amand, l'air natal, ce qui cause à la princesse une véritable douleur, reconnaissante au plus haut degré de l'appui tutélaire que ce général a accordé à son grand âge et à ses compatriotes, qui ont trouvé chez elle un asile assuré et à l'abri de toutes sortes d'outrages.

Cédant enfin aux instances du docteur, le général Saint-Amand a sollicité et obtenu la permission d'aller passer sa convalescence en France.

Voici la lettre qu'il écrivit à Mme de La Salle en partant, ne pouvant aller prendre congé d'elle.

« Madame, c'est par une belle matinée de printemps, imprégnée de tous les parfums de la nature, que je vous écris ces quelques lignes, puisque mon extrême faiblesse et la distance où je me trouve de vous, madame, me mettent dans l'impossibilité d'aller moi-même vous faire mes adieux, et vous supplier de me continuer la *céleste amitié* dont vous m'avez donné tant de preuves touchantes.

« Je suis sous la garde d'une sœur

de charité qui va m'accompagner en
France, étant obligé de subir un pan-
sement trois fois par jour ; elle vient
me dire que je fatigue ma tête et mon
bras en écrivant. Je cesse donc ; elle
l'exige et emporte la plume. »

CHAPITRE IX.

NOUVELLE DU JOUR. — DÉPART POUR LA FRANCE.

On venait de faire une halte à Mag-
debourg, sous les ordres du maréchal
Brune; le temps devient plus doux,
l'herbe commence à couvrir les cam-
pagnes. Le quartier général est à Mag-
debourg. On s'entretient au salon de

Mme de La Salle d'un succès imprévu qui porte au plus haut degré quelques fortunes militaires. On déplore aussi les pertes cruelles qui ont été faites, et le départ du général Saint-Amand pour la France, dernier moyen de salut qui, vu le triste état où il se trouvait, donnait peu d'espoir de le voir arriver vivant.

— Ma foi, je voudrais bien être à sa place, dit le général de La Salle.

— Voilà qui est bien singulier, général, fit un jeune officier, surpris au plus haut degré.

— Non, je vous assure, reprit le général.

Mme de La Salle sourit et dit à son beau-frère, en lui serrant la main :

— Je n'en suis nullement étonnée.

— Voilà une idée bien excentrique, se dit le jeune homme, n'osant adresser aucune question à son général.

— Nous avons quelquefois dans nos grands revers des âmes d'élite qui se dévouent, des consolations imprévues, fit le général en posant ses deux mains sur son front, après avoir prononcé ces *quelques mots saccadés*.

— Général de La Salle, pariez-vous pour moi? dit une jolie femme qui joue à l'écarté.

— Volontiers, répond le général, en sortant de sa rêverie et en se rapprochant de la table d'écarté.

La foule est compacte dans le salon de l'intendant militaire.

Pendant ce temps-là, une berline attelée de quatre chevaux suivait la route qui conduit en France. Dans le fond du carrosse était un jeune homme, la tête empaquetée, le bras en écharpe et tout le corps, couvert de nombreuses couvertures, appuyé sur des coussins, ayant en face de lui une sœur de Saint-Vincent-de-Paul, avec tout l'attirail d'une pharmacie ambulante ; sur le siége, un cocher et un valet de chambre formaient tout l'équipage du général Saint-Amand, se dirigeant par une dernière volonté vers sa patrie, car l'air où l'on nous aime est toujours l'*air natal.*

CHAPITRE X.

Depuis quelques jours, au lever de l'aurore, Mme Derville, le jeune Ernest de Saint-Amand et M. Morand, son digne précepteur, sont, la lorgnette en main, installés au plus haut de la maison, attentifs à découvrir enfin la voiture qui doit leur amener l'objet de leur tendre sollicitude. Ce moment fortuné est enfin arrivé, mais hélas! la faiblesse du général est telle qu'il ne peut échapper à un long évanouissement, en apercevant groupés autour de lui tous les êtres qui lui sont chers, dans ce lieu si palpitant des souvenirs de son père. Une vague inquiétude sembla le préoccuper lorsqu'il revint entièrement à lui; enfin, il articula ces mots:

— Augusta! où est-elle?

— Près de vous, lui dit Mme Derville, et la jeune sœur de charité, à genoux, presse la main de son frère sur ses lèvres.

— Chère Augusta, je savais bien que tu possédais une âme d'élite, mais vraiment je n'ai pas mérité un pareil sacrifice.

— Ceci est encore un bienfait de Mme de La Salle, répond la jeune sœur, c'est à son intermédiaire que je dois d'avoir pu accomplir le vœu que j'ai fait de me consacrer à Dieu pendant cinq ans, si j'avais le bonheur de conserver mon frère. Je partis aussitôt que nous eûmes connaissance par les bulletin de l'armée du peu d'espoir que l'on avait de vous voir survivre à tant de blessures. Le bon docteur Durieu, instruit par Mme Derville de la résolution que j'avais prise, vint au-devant

de moi et aplanit toutes les difficultés;
je fus admise au service de l'ambulance
et chargée spécialement de vous gar-
der. Vous avez été longtemps sans connaissance ; une fièvre délirante et continue vous a empêché de vous apercevoir
de la tendre sollicitude de cet excellent
ami; quant à moi, qui ai été à même de
le juger, je ne connais pas d'expression
qui puisse rendre ce que nous lui devons et l'admiration qu'il m'a inspirée,
en voyant l'habileté, la promptitude
de ses opérations, qui enlevaient à la
mort tant de victimes et que le moindre
délai eût perdues sans retour. J'ai eu souvent le bonheur de le seconder, et toujours les plus heureux résultats étaient

le prix de notre zèle ; aussi, quand je traversais à sa suite les salles de l'hôpital militaire, avions-nous le bonheur d'entendre les mille bénédictions, parties du fond du cœur, qui nous.étaient adressées ; enfin, vous êtes sauvé, il faut actuellement du repos, et le bonheur habitera bientôt notre petit manoir.

Effectivement, au bout d'un mois, le général était entièrement rétabli. Mme Derville reçut à cette époque une lettre de son mari qui l'obligea de faire un voyage en Suisse.

Un beau matin, sœur Augusta disparut : elle venait d'entrer dans la maison où elle doit accomplir son vœu ; c'est aux êtres souffrants, aux pauvres, aux malheureux qu'elle va consacrer les belles années de sa jeunesse. Appelé à de hautes fonctions, le général Saint-Amand est obligé de monter sa maison à Paris.

A cette époque, le prince de Neufchâtel avait été chargé par l'empereur Napoléon d'épouser, le 16 mars, en son nom l'archiduchesse Marie-Louise, fille de l'empereur d'Autriche.

Il devait faire partie du cortége qui allait au-devant de la nouvelle impératrice.

Au moment de partir, il reçut cette lettre de Mme Derville, dont le silence et l'absence l'inquiétaient vivement ; elle était adressée à l'abbé Morand.

« Mon digne et respectable ami,

« Croyez bien qu'il m'a fallu des motifs bien graves pour être restée si long-temps sans vous donner de mes nou-velles. Je suis ici depuis un mois, sans avoir encore pu rejoindre l'infortuné Derville ; et, toujours inquiété par ses opinions politiques, poursuivi pour je ne sais quels articles de journaux, il se cache, et ma présence l'expose à être arrêté ; je ne pouvais sans doute pré-voir une pareille situation. Il a près de lui deux orphelins, frère et sœur, qui lui sont très-attachés ; c'est à leur dé-vouement sans bornes et à leur intelli-gence qu'il doit sa liberté. Ils viennent de m'apprendre qu'il se rendra aujourd'hui sur une terrasse que l'on me montre de la fenêtre. Je suis au milieu des montagnes du canton de Vaud, et véritablement bien désolée de la position de mon mari; je ne sais vraiment quel moyen employer pour lui rendre sa tranquillité, tant que je ne me serai pas entretenue avec lui. Cette course incessante me fatigue beaucoup, cependant je suis bien décidée à me fixer ici. Mais j'aperçois un grand mouvement. *Dieu !* comme le cœur me bat ! C'est lui; il arrive; *j'accours*; *à bientôt !*

« Deux jours se sont écoulés depuis que j'avais tracé ces lignes. Accusé de faire partie d'une société secrète, l'infortuné était à peine arrivé qu'il s'est trouvé entouré de satellites dont la mission était de l'arrêter. Ne voyant d'autre moyen de leur échapper que de se précipiter dans l'abîme qui est au-dessous de lui, il n'hésite pas, et perd la vie aussitôt ; la mort a été instantanée. Plaignez-moi, mon digne ami, d'avoir assisté à ce drame épouvantable, peut-être même de l'avoir involontairement provoqué par ma présence. L'infortuné n'a pas eu la consolation de pouvoir me faire connaître pourquoi il désirait avoir un entretien avec moi. On n'a pu encore le retirer du fond du ravin où il a péri. Mais j'apprends à l'instant que les deux enfants de la montagne, qui avaient disparu, sont parvenus à descendre dans cet abîme, près de lui, où ils le gardent des bêtes féroces ; on entend, de temps à autre, des coups d'arquebuse ; ils ont eu la prudence de se pourvoir de moyens de défense. Attendez-vous à me voir arriver avec eux. C'est sans doute d'eux qu'il voulait m'entretenir. Ces deux enfants m'intéressent vivement ; je leur trouve de la ressemblance avec mon mari. Quand vous aurez lu ma lettre, et que vous l'aurez communiquée à notre digne parente, pour laquelle il n'est point de consolation possible, veuillez la communiquer aussi au général Saint-Amand, et son noble cœur comprendra nos douleurs.

En effet, profondément ému de cette catastrophe, après avoir donné les ordres relatifs à son prochain voyage, le général était livré aux plus pénibles méditations, lorsqu'on lui annonce le docteur Durieu. Cet excellent ami est seulement pour quelques jours à Paris, et se hâte de venir embrasser le général avant son départ; il est chargé d'une mission toute particulière, et dont il s'empresse de s'acquitter.

Croiriez-vous, mon ami, que, sous ses habits de bure, votre trop intéressante sœur a inspiré au brave général de La Salle une passion telle, qu'il me charge de vous demander sa main; il attendra, s'il le faut, l'expiration du vœu,

6.

et vous supplie, par mon intermédiaire, d'engager votre sœur à accepter sa proposition. J'ai trouvé tant de franchise et de loyauté dans la demande de cet excellent homme, que je n'ai pas cru devoir lui refuser mon concours.

Saint-Amand n'ose rien promettre ; mais il espère ; il a rêvé souvent pour sa sœur la *fortune, un riche mariage, les grandeurs.* Dans le même instant, Ernest de Saint-Amand, en costume d'élève de marine, vient aussi embrasser son frère, et lui faire ses adieux...

CHAPTRE XI.

—

Quelque temps après le départ du général Saint-Amand, Mme Derville, en
grand deuil, accompagnée des deux enfants de la montagne, revient prendre
possession de la petite maison de Versailles, habitée par sa vieille parente.

— Vous voilà donc enfin, ma chère Blanche, que votre absence m'a paru longue ! Ne me quittez plus, je vous en conjure, venez.

Elle la conduisit au salon, et se trouva agréablement surprise en apercevant le portrait en pied du général Saint-Amand. Si quelque chose peut remplacer un ami absent, assurément c'est son portrait.

L'Empereur et l'Impératrice étaient de retour à Paris. Saint-Amand s'empressa de venir voir ses amis. Le triste événement qui rendait libre Mme Derville fait naître dans son cœur des espérances de bonheur à venir qu'il n'eût osé concevoir, et qui plus tard sont partagées par son amie.

Des fêtes brillantes ont lieu à l'occasion du mariage de l'Empereur. Le prince de Schwartzemberg, ambassadeur d'Autriche, donne un bal à son hôtel, le 1er juillet 1810. Mme de La Salle désire assister à cette fête, et fait choix du général Saint-Amand pour l'y accompagner, en l'absence de son mari, qui se trouve hors de Paris pour affaire de service.

Ils parcourent lentement tous deux les salles qui précèdent celle où étaient Leurs Majestés, et s'entretenaient avec la sœur de l'ambassadeur, femme charmante qui faisait les honneurs de la fête, lorsqu'une cohue les repousse, et

les empêche d'avancer. Le cri : *au feu !*
se fait entendre de toutes parts; des tour-
billons de fumée et de flamme les en-
veloppent aussitôt. Mme de La Salle, suf-
foquée, perd connaissance, et eût iné-
vitablement péri, si M. de Saint-Amand
ne fût parvenu à la transporter dans
une galerie extérieure, et à l'enlever ensuite du lieu du désastre, qui allait toujours croissant. Elle conserva long
temps, sur son charmant visage, des
traces de ce déplorable événement, qui
fit beaucoup de victimes. La princesse
Pauline de Schwartzemberg s'élança
dans les flammes en cherchant sa fille,
et périt aussitôt victime de son dévoue-
ment maternel. Mme de La Salle rendait

grâces à la Providence, qui lui avait donné pour aide et pour appui, dans cette circonstance, *le jardinier de Versailles,* ainsi qu'elle se plaisait à l'appeler. Ce terrible incendie a été parfaitement décrit dans une ode, dont le marquis de Saint-Amand fit lui-même lecture à son aimable auditoire, ami de l'auteur qui, pendant bien des années, administra, en qualité de préfet, le département d'où cette noble famille tire son origine.

Il s'excuse de l'indiscrétion qu'il commet peut-être, sur ce que cette pièce de vers appartient, en quelque sorte, à l'histoire. Il ajoute qu'avant de la lui envoyer, cet auteur avait voulu la faire insérer dans le *Moniteur ;* mais le rédacteur en chef lui répondit que l'insertion n'en était pas possible, parce que l'Empereur ne permettait aucune publication qui lui rappelât un si douloureux événement.

— Mais, dit enfin le général, notre administrateur avait pour ancien camarade et pour ami intime un homme employé alors à l'étranger, dans les relations diplomatiques et consulaires, M. Pierre David, chargé d'affaires en Bosnie, puis consul général à Smyrne, et décédé, plusieurs années après, membre de la Chambre des députés.

M. David était lui-même un poëte très-distingué, qui publia un poëme

rempli de beautés du premier ordre,
et dont le héros était Alexandre le
Grand. Ces deux littérateurs se commu-
niquaient réciproquement leurs ou-
vrages. Le dernier reprochait souvent
à son ami d'abandonner la culture de
la poésie. Il fut désarmé par l'envoi
de l'Ode sur l'incendie; et voici le jugement qu'il en porte dans une lettre
adressée des frontières de la Dalmatie
à une dame, également amie des deux
auteurs :

« J'ai retrouvé dans cette produc-
tion, dit-il, le talent pur et noble,
élégant et fort, de l'auteur de la tra-
gédie de *Pausanias*..... La fiction de
la Seine, s'étonnant de ses rives em-

bellies, est pleine de grâce et de natu-
rel. Cette manière ingénieuse et vive
de peindre les monuments de Paris
me paraît bien préférable aux vers
froids et ampoulés que l'Institut a cou-
ronnés cette année. La poésie ne con-
siste pas dans les mots, elle est dans
l'action et le sentiment.

« Peut-être l'Institut aurait-il donné
la palme à la nymphe de la Seine, s'il
avait entendu son discours vraiment
poétique, surtout par l'expression et
les images. »

L'INCENDIE.

1810.

ODE.

Fière de son héros, et d'espoir enivrée,
La reine des cités, d'une épouse adorée
Salue avec amour les augustes attraits.
Déjà, pour célébrer cette belle conquête,
Plus d'une illustre fête
Près d'elle a ramené tous les arts de la paix.

Tandis qu'émule heureux de ces riants prodiges ,
Et du luxe et du goût rassemblant les prestiges,
Rival des cœurs français, l'envoyé des Césars
Ouvre aux jeux du grand peuple une nouvelle scène,
La nymphe de la Seine
Sur ses bords enchantés promenait ses regards.

De lumière et de feu mille festons magiques,
Des temples, des palais décorent les portiques :
Plus de nuit. L'art vainqueur a reproduit le jour.
Par les cris de la joie, en sa grotte éveillée,
La nymphe, émerveillée,
De l'arbitre des rois admire le séjour.

« Quel tableau ravissant à mes yeux se découvre !
« Un chef-d'œuvre nouveau remplace-t-il ce Louvre
« Commencé par dix rois, et toujours suspendu ?
« Le sort, qui des beaux-arts enchaînait la puissance,
« Perd sa longue influence :
« Napoléon commande, et le charme est rompu.

« Des travaux immortels qu'enfanta le Génie .

« C'est là que ses exploits ont doté la patrie;

« C'est là que sur la toile un sublime pinceau

« Montre un dieu s'élevant vers le céleste empire.

      « C'est là qu'un dieu respire

« Dans le marbre animé par l'antique ciseau.

« Voilà ce monument qu'a fondé la victoire.

« C'est lui; je reconnais le temple de la gloire.

« Guérriers, consolez-vous ! Votre sang est payé :

« Ici votre vertu vivra récompensée.

      « Magnanime pensée !

« Au cœur qui l'inspira rien n'est donc oublié.

« Qui peindra les bienfaits dont sa main libérale

« Orne de toute part la ville impériale ;

« De ces quais embellis les abords spacieux,

« Ces ponts d'une élégante et légère structure,

      « Ces tributs d'une eau pure

« Qui manquait aux besoins, au charme de ces lieux ?

« Est-ce un enchantement qui dévoile à ma vue
« La colonne héroïque où, jusque dans la nue,
« Du moderne Trajan vont briller les hauts faits?
« Que dis-je? L'Eridan, et l'Ester, et le Tage,
            « Et l'africain rivage
« Y proclament le nom de l'Hercule français !

« Maître de l'univers, ô toi dont la clémence
« Fit présent d'un grand homme à cet empire immense,
« O Dieu, de notre amour daigne entendre les vœux.
« Celui qui de nos cœurs a mérité l'hommage
            « Est ta fidèle image :
« Oh! qu'il vive pour nous et nos derniers neveux.

« Ange consolateur, il bannit nos alarmes,
« Calma nos maux, tarit la source de nos larmes ;
« De ton culte aboli releva la splendeur.
« Depuis dix ans, docile à la voix du Génie,
            « La France, rajeunie,
« Lui doit ses mœurs, ses lois, son éclat, sa grandeur.

« De bonheur et de paix remplis sa destinée,

« Dieu puissant ! Par les fruits de son noble hyménée,

« Eternise en nos murs la race des héros.... »

Elle achève... Une voix sinistre, inattendue,

  A la nymphe éperdue

Arrive, et de son âme a chassé le repos.

Elle court, elle voit ; quel spectacle terrible !

Une flamme homicide, impétueuse, horrible,

Embrasant, dévorant ce temple du plaisir

Où l'arbitre du monde et l'orgueil de la France,

  Dans une autre espérance

A la publique ivresse avait daigné s'unir.

Moins prompt dans ses effets, moins affreux dans sa rage

Le volcan se déchaîne et vomit le ravage.

De Parthénope en deuil moins funeste est le sort,

Lorsqu'en ses fondements, tout à coup ébranlée,

  La terre désolée

Entr'ouvre un vaste abîme où triomphe la mort.

Quoi ! rien ne domptera la flamme sacrilége !
Couple auguste, ô terreur ! Quoi ! la mort vous assiége !
Vains secours, soins tardifs ! L'Etat entier frémit...
Napoléon se montre... Il a sauvé Louise,
      Et son âme rassise
Vient conjurer les maux dont son peuple gémit.

Quel désordre ! quels pleurs ! Voyez-vous ces familles
Cherchant, perdant, traînant leurs mères et leurs filles.
Du père au désespoir entendez-vous les cris !
Dieu ! quelle est cette femme, aussi noble que belle,
      Par l'amour maternelle
Égarée, engloutie au milieu des débris !

Eh ! que n'ose une mère en son transport sublime !
Oh ! du cœur le plus tendre, admirable victime.
Les larmes de Louise honorent ton malheur,
Pauline, objet touchant de regrets et d'hommages,
      Ton nom, dans tous les âges,
Sera de la vertu l'exemple et la douleur.

Le héros est partout ; il rassure, il console.
Plus le péril s'accroît, plus ardent il y vole :
Oh ! combien sur sa gloire il appelle d'amour,
Parmi ces soins d'un père où, calme, infatigable,
        A lui-même semblable,
Du jour qui le surprend il a vu le retour !

Tel aux murs de Jaffa, quand un venin funeste,
D'une vie épuisée empoisonnant le reste,
Consternait les guerriers frappés jusqu'en ses bras :
Avec sécurité cette main bienfaisante
        Touche leur main tremblante,
Et du lit de la mort les ramène aux combats.

Ah ! si des bords du Nil et des champs d'Ausonie
Aux plaines du Sarmate et de la Germanie,
On l'admire, on l'élève au-dessus des mortels ;
Lorsque tant de bonté tempère sa puissance,
        Que la reconnaissance,
Français, au fond des cœurs lui dresse des autels !

Le baron Trouvé.

7.

CHAPITRE XII.

Un an plus tard, le général Saint-Amand obtient la main de son amie. M. et Mme de La Salle assistent au mariage, qui se fait sous les plus heureux auspices.

C'est avec bonheur que le marquis

de Saint-Amand fait partager à la femme aimable, qui a eu tant d'influence sur sa destinée, la brillante position qu'il a si honorablement acquise.

L'intéressante sœur de charité assiste à la bénédiction nuptiale, et quête pour les *pauvres malades*.

Ce sont là, dit le docteur Durieu qui est présent à la cérémonie, les véritables anges de la terre.

La petite maison des marais de Versailles devient le patrimoine des deux orphelins ; Mme Derville continue de l'habiter, entourée de leurs plus tendres soins.

La marquise de Saint-Amand fait, par le charme de sa personne et de son esprit, les délices de la société et le bonheur de son mari. On la cite pour son bon goût, son élégance; mais sa vertu et sa touchante piété la préservent de cet essaim de papillons et de femmes légères, incapables de comprendre et d'apprécier le bonheur certain que l'on goûte à vivre dans l'innocence des mœurs et la pratique des devoirs.

Au bout de cinq ans, le général de La Salle était encore libre; mais, douée d'une grande fermeté de caractère, sœur Augusta de Saint-Amand persiste dans sa résolution; elle va partir pour fonder une maison de son ordre.

Le marquis et sa femme n'ont fait

aucune tentative pour faire changer sa détermination, car elle paraît heureuse du parti qu'elle embrasse.

L'abbé Morand, quoique très-âgé, se porte bien; il a pris sa retraite, et habite le manoir. Il s'occupe de développer l'intelligence des deux orphelins de la montagne.

Comme l'avait très-bien supposé la marquise de Saint-Amand, ils tiennent de très-près, par les liens du sang, à l'infortuné Derville, ce qui les rend bien chers à sa digne parente. Doués de beaucoup de moyens et d'un cœur bien placé, ils rendent un culte religieux au portrait de leur bienfaiteur, et, dans la saison des églantines, une

couronne fraîche est tous les jours placée au-dessus du tableau, preuve touchante de leur reconnaissance.

Le docteur Durieu a été fait baron
dans son dernier voyage à Versailles. Il n'a pu refuser aux vives sollicitations de Mathurine de tenir son
septième enfant sur les fonts baptis-
maux avec la belle marquise de Saint-
Amand.

La princesse de Marienwerder a
fait élever une colonne dans ses domaines, pour immortaliser le souvenir
du général français, dont le généreux
appui l'a sauvée des plus grands désas-
tres.

Ernest de Saint-Amand est déjà parti

en qualité d'aspirant de marine; il paraît avoir une vocation décidée pour
cette aventureuse carrière.

Ici se termine le manuscrit.

Il se fait tard, et cependant on quitte
à regret l'aimable protectrice du
Jardinier de Versailles.

FIN DE SAINT-AMAND.

LA FILLE DU MAIRE.

LA FILLE DU MAIRE.

— Je viens, ma belle amie, vous apprendre l'infortune de votre intéressante Delphine, vous instruire du tour que lui a joué la petite créole naufragée, qu'en ma qualité de consul j'ai été obligé de recueillir.

— Non ; elles paraissaient liées de la

plus étroite amitié, car le capitaine Moréna, son père, qui vient de périr si malheureusement, avait rendu de très-grands services à notre famille, et M. d'Hervieu doit à ses sages opérations commerciales une partie de sa fortune, qui allait encore s'accroître sans ce malheureux naufrage. Retiré ici dans ma terre, située à quatre lieues du Havre, je ne sais les nouvelles que lorsqu'elles ont parcouru toute la ville. Ce fut l'année dernière, le jour de ma fête, qu'Albert et Delphine se virent pour la première fois; c'est en m'offrant des fleurs qu'ils se sont épris l'un de l'autre, et leur union fut presque arrêtée depuis cette époque.

— Je sais cela, mais tout est changé depuis...

Un domestique entre, et interrompt M. de Chateauneuf, en annonçant Albert de Rostange. Le consul baise la main de Mlle de Saint-Lambert, et sort aussitôt.

— Il faut absolument faire quatre lieues, mademoiselle, dit Albert en entrant, pour avoir l'honneur de vous voir. Rien ne peut donc vous arracher à votre retraite ! C'est vainement que Mme d'Hervieu réunit chez elle ce que le Havre et ses environs possèdent de plus intéressant !

— Oui, je sais que ma sœur fait parfaitement les honneurs de sa maison, et que M. d'Hervieu, comme armateur, et surtout comme premier magistrat, puisqu'il est maire du Havre, sait très-bien concilier les affaires commerciales et les devoirs de sa charge avec la plus touchante philanthropie! Il vient d'en faire preuve dans cette circonstance, par la générosité avec laquelle il a recueilli les malheureux naufragés, qui sont au nombre de quarante-deux : quatre-vingts ont péri; la cargaison est entièrement perdue, et la fille unique du capitaine américain Moréna reste dans la plus extrême pauvreté.

—Quelle touchante, quelle intéressante jeune fille! Je la vis il y a huit jours, pour la première fois, chez

Mme d'Hervieu, fit Albert; elle était entourée d'un groupe de jeunes personnes
de son âge, à qui elle racontait les plus
touchants épisodes de son enfance.
Elle est née sur la mer, a été élevée par
son père qu'elle a toujours suivi dans
tous ses voyages, et n'a jamais connu
sa mère, à qui elle a coûté la vie en
naissant. Rien de plus intéressant, je
vous assure, mademoiselle, que ses ré-
cits. Eliane a quatorze ans, sa taille est
moyenne et parfaitement bien propor-
tionnée. Son sang, quoique un peu
mêlé, a cependant beaucoup de fraîcheur; ses grands yeux noirs, son joli
sourire, ses dents de perle de nacre en
font la femme la plus séduisante que

j'ai vue de ma vie. Sa coiffure enfantine, composée simplement de ses cheveux bouclés retombant sur son cou, sa ceinture, ses bracelets, son collier de corail sont d'un effet, sur sa personne, que je ne puis décrire. Je restai interdit lorsque je la vis, mais je suis parvenu à me rendre maître de l'impression enivrante que j'éprouvai ; il me sembla même qu'elle était partagée. Vous allez en juger, madame. Engagé par votre aimable nièce à chanter la romance de *Marie*, que vous *aimez tant* ; au refrain, au moment où je disais pour la seconde fois : *Je pars demain*, la jeune créole, éperdue, vint se jeter tout en larmes dans mes bras, en me disant : « *Non*,

non, vous ne partirez pas. » Cet élan d'un cœur qui répondait si bien au mien a décidé de ma vie. Elle interrompait ses enfantillages pour venir prendre part aux conversations sérieuses, et alors la petite folle grandissait tout à coup, ne disant rien que de très-convenable, et qui se trouvait tout à fait en harmonie avec l'entretien.

— Mais cela est fastidieux ; vous ne cesserez donc pas de me parler de votre *mulâtre*, monsieur ?

— Pardon, madame, j'oubliais, en effet, de vous prévenir, de la part de ces dames, qu'une fête brillante aura lieu à bord de la nouvelle frégate qui doit être lancée à la mer, et qui por-

tera le nom de *Delphine*. C'est un hommage que la ville, reconnaissante, veut
rendre à son maire, en plaçant cette
frégate sous le patronage de sa fille
chérie, qui, dans ces derniers désas-
tres, a prodigué, avec une sensibilité si
touchante, les plus tendres soins aux
infortunés qui ont survécu. Ayant passé
la nuit au bord de la mer, c'est dans
ses bras que fut déposée la jeune Eliane,
qu'un intrépide marin venait de sauver
à la nage; elle ne donnait aucun signe
d'existence, et c'est à la tendre sollicitude de Mlle d'Hervieu qu'elle doit
d'être rendue à la vie.

— Je me rendrai avec plaisir à leur
invitation, et je serai charmée de con-

naître l'objet de votre admiration, et de la tendre sollicitude de ma nièce. Venez me prendre demain, monsieur; je *compte* sur vous.

Albert prend congé de Mlle de Saint-Lambert, qui reste seule, livrée à de pénibles réflexions, dont elle est tirée par le bruit d'une voiture qui se fait entendre. Mme d'Hervieu et sa fille en descendent.

— Eh bien, ma sœur, tu ne nous attendais pas, fit Mme d'Hervieu en entrant; il se passe cependant des choses bien extraordinaires.

— Je le sais, et n'en persiste pas moins à désapprouver la facilité qui vous fait accueillir avec empressement toutes sortes de créatures. Qu'est-ce que c'est que cette petite *mulâtre* que vous avez recueillie ? J'approuve la bienfaisance, mais il n'était pas nécessaire de lui faire l'honneur de votre salon ; c'est un tort que cette grande familiarité que vous avez avec toutes les personnes qui vous approchent.

— Mais je vous assure, ma sœur, que j'ai la plus grande reconnaissance envers cette enfant que vous jugez défavorablement.

— Mais, cependant, elle est cause que Delphine ne se mariera pas, ainsi que nous l'avions *projeté*.

— Je viens, ma chère, te l'amener ; elle restera quelque temps auprès de toi, cela est nécessaire. Je te la laisse, elle t'instruira des détails que je ne puis te donner actuellement. Adieu, car j'ai aujourd'hui vingt personnes à dîner, et ce soir nous recevons toute la ville. On va profiter de l'arrivée de l'amiral pour lancer un vaisseau à la mer. Delphine a besoin de repos et de consolation, elle ne peut trouver cela en ce moment près de moi; l'honneur et la reconnaissance imposent à M. d'Hervieu un devoir rigoureux, celui d'être le protecteur et l'appui de l'orpheline qui vient d'enlever à *sa fille le cœur de l'homme qu'elle adorait.*

Mme d'Hervieu, en embrassant sa sœur, laisse tomber quelques larmes brûlantes sur son visage, et part aussitôt.

Delphine, assise en face de sa tante, paraît très-occupée à regarder avec beaucoup d'attention une vieille gravure qui est accrochée à la muraille.

— Que vas-tu faire ici; tu vas t'ennuyer, je n'ai pas de piano?

— Oh! je n'aime plus la musique, ma tante; je dessinerai, je copierai ce dessin.

— Tu te trompes, c'est une gravure. Tu n'as jamais commencé le dessin? Eh bien, nous allons partir pour Paris. Je te donnerai un bon maître. Ce voyage nous fera du bien à toutes deux.

— Oh! oui, ma tante, cela est charmant; partons demain, ou bien ce soir.

— Comme elle est changée, la pauvre enfant, dit tout bas Mlle de Saint-Lambert.

Au même instant, les ordres sont donnés. Au point du jour, la tante et la nièce, suivies d'une femme de chambre, montent dans une chaise de poste pour se rendre à *** où elles prendront le chemin de fer pour arriver plus vite à Paris.

Retournons maintenant au Havre, et voyons ce qui se passe chez l'armateur-maire.

— Ma sœur emmène Delphine avec elle dans un voyage d'agrément qu'elle va faire, fit Mme d'Hervieu à son mari, en lui montrant quelques lignes que sa sœur lui a écrites en partant.

— Je crois qu'elle a fort bien fait, répond M. d'Hervieu en serrant la main de sa femme, et en lui montrant Albert au piano auprès d'Eliane, à qui il enseigne les premiers éléments de la musique. Il est véritablement trop heureux pour notre Delphine que nous ayons eu occasion de juger de la légèreté de ce jeune homme. Il vient de m'exprimer le désir d'offrir sa main à cette jeune fille. Albert a vingt-huit ans, sa fortune est immense ; il ne dépend nullement de ses parents, puisqu'il les a perdus fort jeune ; il est donc libre de disposer de son avenir comme il l'entend. Delphine, placée sous l'aimable influence de sa tante, oubliera bientôt l'attachement naissant qu'elle éprouve pour un jeune homme qui l'a si promptement sacrifiée.

— *Je l'espère bien*, fit Mme d'Hervieu en soupirant.

Quelques mois après, Albert recevait des mains de l'honorable maire du Havre la jeune fille qui l'avait su charmer, et lui jurait, au pied des autels, amour et fidélité pour la vie.

Des fêtes brillantes eurent lieu à l'occasion de ce mariage. Douze jeunes couples appartenant à la marine furent dotés par la munificence d'Albert de Rostange. Un mois après, la frégate *la*

Delphine se préparait à partir. Toute la ville voulut assister à son départ. Pour la conduire au port, le digue maire donna la main à Mme de Rostange, qui, au moment de s'embarquer, se prosterna à ses pieds, et lui dit :

— Recevez, honorable magistrat, la récompense de vos vertus ! Je ne puis vous témoigner ma reconnaissance qu'en vous promettant d'aimer plus que ma vie l'époux que vous m'avez choisi. Que la généreuse Delphine, sous le patronage de laquelle nous nous embarquons, soit aussi heureuse que l'orpheline qu'elle a arrachée à la mort : voilà les vœux que je regrette de ne pouvoir lui exprimer moi-même.

M. d'Hervieu, en relevant la jeune créole, dépose un baiser sur son front. Ce fut toute sa réponse.

Le signal du départ est donné, et *la Delphine* fait voile pour les plages lointaines que va habiter ce couple fortuné. Ce n'est qu'après avoir perdu le vaisseau de vue, et livré à la plus vive émotion, que M. d'Hervieu trouva, en rentrant chez lui, une lettre de Mlle de Saint-Lambert, dont voici le contenu :

« Mon cher frère,

« Ma nièce est un ange ; elle cherche, par tous les moyens qui sont en sa puissance, à se soustraire à son fatal attachement pour un ingrat ; elle y parviendra, j'espère, car je suis merveilleusement secondée par un jeune diplomate, fils de notre aimable consul, M. de Chateauneuf, notre *excellent ami*. Ce jeune homme est sans contredit un des jeunes gens les plus séduisants et les plus distingués de Paris; il est instruit des peines de cœur de Delphine, et ne lui offre que de l'amitié. Elle l'aimera un jour, j'espère; en attendant, il nous accompagne partout; je n'ai jamais mené une vie aussi dissipée ni été aussi curieuse. Nous passons successivement en revue les musées, les spectacles; nous visitons toutes les églises avec une piété *vive* et *sincère*. Demain 13 nous irons voir la galerie de Versailles par le chemin de fer. Delphine vous écrira à notre retour; elle fait de son sejour à Paris un journal qu'elle vous destine, et qui sera, je vous assure, du plus piquant intérêt.

« En attendant, recevez la nouvelle assurance de ma tendre sollicitude pour notre chère enfant.

« A. DE ..... »

Huit jours après, une chaise de poste s'arrête rue de la Paix, hôtel du Havre. Un homme d'une cinquantaine d'années, en grand deuil, en descend; il donne la main à une dame de trente-huit à quarante, qui paraît belle encore; elle a un mouchoir sur les yeux, et cherche à cacher ses larmes.

— C'est ici que sont logées les dames

de Saint-Lambert? dit-il à la maîtresse de l'hôtel.

— Oui, monsieur, mais nous éprouvons les plus grandes inquiétudes à l'égard...

—Je sais, je sais, dit le voyageur en l'interrompant, nous avons connaissance de cette catastrophe. Faites-nous conduire à l'appartement de Mlle d'Hervieu.

— Je vais vous y accompagner moi-même, répond celle-ci.

Les deux voyageurs la suivent; après avoir traversé un petit vestibule et un salon, ils entrent dans une chambre où une personne malade est couchée; un cri se fait entendre.

—Ah! grand Dieu! Comment, c'est

vous! Vous avez donc eu connaissance de l'horrible malheur?

—Oui, mon enfant, dit Mᵐᵉ d'Hervieu en pressant sa fille sur son cœur, et nous avons acquis l'assurance de la perte cruelle que nous avons faite!

—Voici le seul mais irrécusable vestige que nous ayons pu recueillir. C'est cette alliance, qui était celle de ma mère, et que Mˡˡᵉ de Saint-Lambert, comme l'aînée, a toujours portée; ne s'étant pas mariée, elle n'en a jamais eu d'autre.

—Hélas! oui, elle l'avait le 13 mai [1].

[1] Nos lecteurs ont sans doute connaissance de l'horrible catastrophe du 13 mai, au chemin de fer de Versailles.

Qelle terrible certitude, dit Delphine en portant à ses lèvres cette bague, preuve incontestable d'un malheur inouï.

— Mais enfin tu nous es rendue, reprend Mme d'Hervieu.

— Oh! oui, rendue; voyez de quelle manière!

Et la pauvre enfant leur montre qu'elle est pour jamais privée de l'usage d'un pied qui a été brûlé, et que son charmant visage est pour toujours défiguré par les cicatrices, suites des contusions qui l'ont rendue méconnaissable.

— Sachant, par la date de la lettre de ma sœur, que vous deviez aller visiter la galerie de Versailles le 13 mai, et ayant appris par les journaux l'horrible malheur qui a fait tant de victimes, nous sommes partis aussitôt; nous venons te chercher, ma fille, pour te faire oublier, par nos tendres soins, tout ce que tu as souffert.

—Au nom de Mlle de Saint-Lambert, permettez-moi, madame, de partager ce soin, dit un jeune homme aimable que M. d'Hervieu n'avait pas remarqué en entrant dans l'appartement, en raison de l'obscurité qui y régnait, et qui avait été prescrite par le médecin.

M. d'Hervieu, se rappelant alors le contenu de la lettre de Mlle de Saint-Lambert, ne douta pas qu'il n'eût devant les yeux le jeune diplomate dont elle lui avait parlé.

— Ne repoussez pas un ami qui désire vous appartenir par les liens les plus chers.

— Mais je suis ruiné, monsieur, dit M. d'Hervieu. Des faillites, des gérants infidèles ont complété ma ruine. J'allais instruire ma sœur de ce désastre dans lequel elle se trouvait enveloppée, et prendre ses pouvoirs afin de poursuivre le scélérat qui vient de nous plonger dans l'infortune. La terrible catastrophe du 13 mai vient de mettre le comble à nos malheurs, en nous enlevant une sœur chérie, notre meilleure amie, et nous frappant des plus cruelles douleurs dans la personne de notre unique enfant.

Le médecin vint interrompre cet en-tretien. L'état de la malade fut trouvé satisfaisant, mais toute espèce de projet de voyage devait être suspendu pen-dant quelques mois.

Dans cet intervalle, M. de Chateau-neuf loue un superbe hôtel, faubourg Saint-Honoré, et obtient, à force de sollicitations, que M. et Mme d'Hervieu viendraient l'habiter, et feraient leurs efforts pour déterminer Delphine à ac-cepter sa main.

—Il me semble, dit un matin Mme d'Her-vieu à sa fille, que tu te trouves assez bien, ma chère, pour venir jusqu'au

faubourg Saint-Honoré rendre une petite visite au père de M. de Chateauneuf,
qui vient d'arriver. Tu sais que c'était
le meilleur ami de ta tante, et qu'il t'a
toujours porté un tendre intérêt.

— Je le veux bien, ma mère; mais
voyez donc comme je suis boiteuse, et
ces vilaines coutures me rendent si laide,
que je ne conçois pas comment M. de
Chateauneuf peut m'aimer. Ainsi, cependant, je ne puis douter de sa ten-
dresse, d'après toutes les preuves qu'il
ne cesse de nous en donner.

— C'est qu'il connaît ton cœur, qu'il
sait être digne du sien.

— Mais sachez, ma mère, que c'est
le plus bel homme de Paris.

—Il n'en est rien, dit M. de Chateauneuf en entrant; mais il sera le plus heureux si vous cédez à ses instances.

Delphine, profondément émue, répond en lui donnant sa main, qu'il baise avec transport. On descend lestement l'escalier, et l'on monte en voiture pour se rendre à l'hôtel de M. de Chateauneuf.

— Tout est réglé, tout est fini, lui dit son père en venant au-devant d'elle; et en la présentant au respectable consul : Voilà votre fille, lui dit-il.

Mme d'Hervieu l'entraîne dans une pièce voisine, où tout est disposé pour lui faire prendre la toilette convenable à la circonstance, et la conduit ensuite au salon, où quelques jeunes personnes du Havre, ses amies d'enfance, dont les familles se trouvent à Paris, l'entourent avec empressement, et lui offrent une élégante corbeille.

On se rendit ensuite à l'église de la Madeleine, qui venait de s'ouvrir, et c'est un des premiers engagements de ce genre qui y fut consacré.

Studieuse par goût, recherchant avec empressement tout ce qui peut la mettre à la hauteur de l'homme distingué qui l'a choisie pour sa compagne, Delphine a su consacrer ses instants de loisir à des études qui font d'elle une femme tout à fait supérieure. Tel est le jugement qu'en porte un homme célèbre, vieil ami de M. de Chateauneuf, qui a assisté à la cérémonie de leur union, et qui vit dans leur intimité.

FIN DE LA FILLE DU MAIRE.

LE SOUVENIR.

LE SOUVENIR.

En suivant le boulevard Bourdon, on arrive au pont d'Austerlitz. A droite du pont, l'île Louviers, entourée de peupliers, forme, le soir, un massif rembruni, autour duquel un grand nombre de petites embarcations ne cessent de

circuler. C'est en été surtout, à l'heure
de la soirée où les bateaux à vapeur, par
leur passage, attirent les curieux, que
les personnes qui habitent le quartier
de l'Arsenal ou les rues adjacentes
viennent chercher au bord de l'eau la
fraîcheur du soir, et jouir de l'effet pit-
toresque produit par le reflet des lu-
mières de la rive opposée.

Absorbé par de douces rêveries,
jouissant délicieusement du plaisir que
donnent le silence, le grand air et le calme aux personnes qui, par la nature de
leurs occupations, sont rarement en
état d'en jouir; promenant mes regards
sur les ombres majestueuses de Saint-
Etienne-du-Mont et des tours de l'an-

tique Notre-Dame, et sur la coupole élégante et moderne du Panthéon se reflétant dans l'eau ; allant ensuite jusqu'au milieu du pont d'Austerlitz, et m'arrêtant pour mieux admirer l'effet produit par ces arcades aériennes qui, en traçant dans l'eau des cercles de lumière, produisent des masses de clair-obscur inimaginables en beauté : il faut avoir étudié ces effets pour s'en faire une idée.

Un soir de l'été dernier, j'étais venu m'asseoir sur la pente d'un petit tertre placé en face de l'île ; je regrettais vivement qu'il ne me fût pas possible de fixer sur la toile le tableau grandiose que j'avais devant les yeux, lorsque le

bruit rapproché des rames et l'aboie-
ment d'un chien vinrent m'arracher à
ma délicieuse admiration. La petite nacelle s'approcha très-près de moi ; un
buisson, placé sur la pente où je me
trouvais assis, empêchait vraisemblable-
ment que les deux personnes qui étaient
dedans m'aperçussent.

Après avoir amarré avec soin leur
nacelle, elles vinrent s'asseoir à quel-
pieds au-dessous de moi. Ayant gardé
quelques instants de silence, l'une
d'elles dit à l'autre :

— Quelle heure est-il ?

La personne interrogée répondit en
faisant sonner une montre à répétition,
dont le timbre très-clair fit entendre

neuf heures. Un mouvement d'impatience et un soupir furent la réponse
de la première personne, qui, malgré la
chaleur extrême qu'il faisait, était entièrement enveloppée dans un man-
teau.

Je ne sais quel sentiment de curio-
sité enchaînait alors tous mes mouvements. Il m'était impossible de porter
le moindre jugement sur la tournure et
la figure de l'homme si bien enveloppé;
mais il m'était facile de juger que l'autre
pouvait avoir de trente à trente-cinq
ans au plus. Je ne sais quoi dans ses ma-
nières et dans le son de sa voix me faisait supposer que c'étaient des personnes distinguées.

Enfin dix heures étant sonnées, elles se levèrent, et s'étant rembarquées, je les suivis quelques instants des yeux. Je me disposais à me retirer, lorsque je vis briller au bord de l'eau quelque chose qui fixa mon attention. L'ayant ramassé, je me retirai, me réservant d'examiner chez moi ce que cela pouvait être; mais une lettre à écrire et à remettre à une personne qui attendait mon retour depuis une heure, me fit entièrement oublier d'examiner ce que j'avais trouvé.

Le lendemain un timbre très-clair ayant fait entendre à mon oreille neuf heures :

— Comment, déjà ! J'arriverai trop

tard au collége Charlemagne, exami-
nons donc ma trouvaille d'hier.

Un joli souvenir en velours, de forme
gothique ; au milieu, un médaillon re-
présentant la cathédrale Notre-Dame-
del-Pilar ! Une femme de la plus élégante tournure monte les marches de
l'église ; elle se retourne, et fait voir le
plus charmant visage. Son costume est
espagnol ; une épingle de diamant brille
dans ses cheveux. En y touchant, voilà
neuf heures qui sonnent encore.

— Ah ! j'arriverai trop tard.

Je sors précipitamment.

Après avoir parcouru les quartiers
les plus opposés de Paris où se trouvent
disséminés mes élèves, me voilà enfin

revenu chez moi, quartier de l'Arsenal, et je retrouve sur mon bureau le joli souvenir; mais c'est inutilement que je veux en parcourir l'intérieur; une petite clef peut seule l'ouvrir, sans doute la même qui monte le mouvement de l'horloge, et dont le bouton de la sonnerie retient les cheveux de la jolie Espagnole.

Ce sont sans doute mes deux promeneurs d'hier qui ont perdu ce souvenir; je le leur rendrai ce soir, s'ils reviennent au même endroit. En attendant, je le plaçai dans le volume que j'allais parcourir. Lorsque je partis pour ma promenade, il faisait encore jour. En arrivant près du petit buisson derrière lequel j'étais assis la veille, j'eus le plaisir de voir, à la même place, une dame de la plus ravissante beauté; un joli petit chien noir, ayant au cou un collier chamois, paraissait la capti- ver par sa gentillesse. Je restai à quel- que distance, attendant l'heure qui, la veille, avait amené les promeneurs de la nacelle; mais ce fut inutilement, La dame partit à la nuit tombante, et, depuis cet instant, sa douce image m'accompagne partout.

Mais quelle fut ma surprise, en ren- trant chez moi, de m'apercevoir que j'avais été suivi par son petit chien. Ayant posé mon livre, il le fit tomber, et se disposait à emporter le souvenir qu'il contenait. Il jappait, et cherchait à sortir. Cependant, malgré la vivacité de ses mouvements, je parvins à le saisir, et en examinant les initiales gravées sur son collier, j'aperçus une petite clef qui traversait le fermoir. Pendant cet examen, le charmant petit animal était immobile. Je déroulai une chaîne qui retenait la clef au collier, et j'essayai d'ouvrir le souvenir ; la tentative fut couronnée du plus heureux succès. L'ayant parcouru, le résultat de mon examen fut de me convaincre qu'il devait appartenir à quelque Espagnol de distinction. Je possède assez bien cette langue pour sentir et apprécier la beauté des pensées qui y étaient exprimées, et pour être profondément touché du sentiment de tristesse et de douleur qui y était empreint à chaque page.

L'écriture était d'une main d'homme, cependant, à l'avant-dernier feuillet, une main de femme avait tracé ces lignes :

«Notre-Dame-del-Pilar, protégez-nous dans notre aventureux voyage; inspirez à Isabella tout ce qui pourra calmer et adoucir les cruels chagrins de son père. »

Qu'elle devait être belle la femme qui exprimait de pareils sentiments de piété filiale !

Le petit chien, les yeux fixés sur moi,

semblait, en interrogeant mes regards, me presser de rendre à son propriétaire cet objet dont il se faisait le gardien. J'eus beaucoup de peine à le contenir, et il me fit passer une très-mauvaise nuit.

Le lendemain, à mon heure accoutumée, je sortis de chez moi. Le petit animal prit le devant, sans cependant me perdre de vue. Il s'arrêta au coin de la rue Castex ; je le suivis sans contrarier en rien sa marche. Etant entré dans la cour d'un hôtel de fort peu d'apparence, une jeune dame, qui sortait de chez le concierge, fit une exclamation de surprise et de bonheur, dont le joli petit chien lui témoignait toute sa reconnaissance. J'avais sur moi le souvenir; m'étant approché, j'offris de le lui rendre, mais elle me pria, en espagnol, de monter auprès de son père. J'acceptai avec grand plaisir une invitation qui m'était aussi agréable.

Je montai au premier.

.. En entrant dans une pièce assez mal meublée, je trouvai un homme âgé, à demi couché sur un lit de repos, occupé à écrire.

Sa fille ayant déposé devant lui le souvenir et le petit chien, un sourire vint un instant éclairer son austère et belle figure. Je m'empressai de lui faire connaître ce qui m'amenait près de lui, ma qualité de professeur du collége

Charlemagne, et de lui raconter de quelle manière cet objet était tombé en ma possession. Je lui exprimai en même temps combien j'étais flatté d'une circonstance qui me mettait en rapport avec des personnes pour lesquelles j'éprouvais la plus vive sympathie.

— Le jour où vous nous avez rencontrés, monsieur, me dit le noble étranger, nous avions donné rendez-vous à un de nos amis, réfugié comme nous, près du pont d'Austerlitz, qui, je l'ai su depuis, n'ayant pu obtenir la permission de venir à Paris, s'est trouvé forcé de manquer à sa promesse. Je perdis ce soir-là ce souvenir, qui est une espèce de montre garde-note: dona

Isabella, que cela affligeait beaucoup, connaissant l'instinct de son petit chien, avait conçu l'espoir de le lui faire retrouver en le conduisant à l'endroit où je croyais l'avoir perdu ; mais elle est rentrée bien triste de la perte de son petit Fido, qui est depuis longtemps notre compagnon d'infortune.

Pendant ces explications, j'avais eu le temps de considérer dona Isabella, qui était le *beau idéal* que j'avais rêvé toute ma vie. Elle m'apprit que le médaillon était peint par son cousin don Alphonse, qui était parti le matin même pour se rendre auprès d'un auguste prisonnier ; que la jeune Espagnole, dont les cheveux étaient rattachés par une épingle de diamant, était son portrait; qu'elle avait fait vœu, ainsi que don Alphonse, de ne recevoir la bénédiction nuptiale qu'à leur retour dans leur patrie, et à *Notre-Dame-del-Pilar*.

La facilité que j'avais à m'exprimer dans leur langue leur fut très-agréable. J'obtins la permission de leur donner des soins; j'eus même le bonheur de leur rendre quelques services, et d'adoucir la rigueur de leur exil en leur procurant des distractions agréables. Un de mes amis, médecin, et propriétaire d'une habitation charmante au bord de la Marne, nous invita à venir le visiter. Il nous prêta une élégante nacelle, et nous fîmes des promenades

délicieuses. Doña Isabella en augmen-
tait le charme en mêlant, avec autant
de goût que de talent, aux accents de
sa voix, les accords de sa guitare.

L'épouse de mon ami faisait aux il-
lustres étrangers, avec une grâce par-
faite dans ces circonstances, les honneurs d'une collation. qu'elle avait
toujours l'amabilité de composer, autant que possible, des rafraîchissements
et des fruits qui leur étaient le plus
agréables.

Par les soins de mon ami, la santé de
don Pedro s'améliorait tous les jours,
et l'aimable Isabella ne cessait de nous
en témoigner sa reconnaissance dans
des termes dont seul je sentais tout le

prix : elle entrevoyait l'espoir d'un retour prochain dans sa patrie.

Je commençais à ne pouvoir plus supporter la pensée d'une séparation sans éprouver un véritable vertige ; j'avais pris la douce habitude de la voir tous les jours : y renoncer, c'était renoncer à la vie.

Enfin, j'aimais Isabella à *l'adoration*, et je l'aimais sans espoir de retour.

Don Pedro attachait à l'union de sa fille avec son neveu toutes ses idées de bonheur à venir ; mais ce bonheur ne pouvait se réaliser dans la tête du vieux colonel qu'à son retour dans sa patrie.

Isabella m'entretenait sans cesse du caractère chevaleresque de don Alphonse, et, malgré cela, un sentiment, que je ne pouvais maîtriser, me faisait craindre, plus que la mort, le moment de leur départ. Cependant il est fixé ! Don Pedro a obtenu la permission de rentrer en Espagne avec don Alphonse; ils sont chargés tous deux d'importantes négociations; ils me font l'honneur de me croire capable de les seconder, et me le proposent franchement.

Isabella sourit à cet arrangement, et dit qu'elle m'engage aussi à faire une station à *Notre-Dame-del-Pilar.*

Qu'ils sont doux, qu'ils sont sacrés et indestructibles les engagements con-tractés au pied des autels! Qu'elle est grande et forte, surtout dans l'infortune, la nation dont le chef et les héros conservent si religieusement leurs pieuses croyances ! Je ne me sens pas à leur hauteur. Cependant, je les aime et les admire, mais je ne suis pas assez maître de moi pour être témoin du bonheur de don Alphonse.

Le général A. de Saint-A., qui commandé en Algérie, a besoin d'un secrétaire. Son fils, à qui je donne des leçons, m'a chargé de lui envoyer quelqu'un. J'ai écrit au général, qui m'a répondu de suite ; il accepte avec grand plaisir ma proposition.

Je vais donc partir avant don Pedro ; nous ne nous rencontrerons pas. Non, jamais je ne reverrai Isabella.

Don Pedro a paru blessé de mon refus de le suivre ; il a reçu mes adieux d'un air froid et sévère.

Dona Isabella m'a tendu la main : ayant mis un genou en terre, je l'ai baisée avec transport.

— Priez pour moi, lui ai-je dit, *Notre-Dame-del-Pilar.*

J'ai senti tomber une larme brûlante de ses beaux yeux.

Cet instant vaut pour moi un siècle d'existence.

Il sera ma vie entière.

FIN DU SOUVENIR.

LE CHAMOIS.

LE CHAMOIS.

— Allons, Claudine, levez-vous ; voyez, le lac est pur et transparent : venez respirer l'air frais et embaumé de la plus belle matinée que nous ayons eue depuis longtemps ; mais cela devait être, car c'est aujourd'hui l'anniversaire de la fête du prix de chasse, instituée par l'immortel Guillaume.

La députation des treize cantons va arriver : tenez, voilà votre toilette. Hier, pendant que vous mettiez tout en ordre dans la ferme, j'ai renouvelé les rubans de votre chapeau : ce chapeau que Raoul vous a tressé, et que vous ne changeriez pas, j'en suis sûre, pour la plus belle paille d'Italie. Je ne blâme point cela, ma fille, car nos chapeaux de paille suisse sont superbes, et je ne me trouvais pas bien du tout, à votre âge, lorsque je mettais par politesse celui de paille d'Italie que cette jolie cantatrice italienne m'avait donné lorsqu'elle vint passer un mois chez mon père, pour rétablir sa poitrine fatiguée. Elle couchait dans nos étables. Elle mettait mon corset de velours, mon jupon, mon chapeau , qu'elle embellissait de rubans, de bijoux, que sais-je ; tout cela lui allait à ravir : et lorsque le dimanche elle venait se mêler à nos danses, elle faisait perdre la tête à tous nos jeunes gens. On dit même que notre jeune ministre en a eu la raison troublée pendant longtemps. Rien ne pouvait le distraire de son amour pour elle ; il passait les nuits à rôder autour de la ferme, dans l'espoir de l'entendre chanter et jouer de la harpe ; mais elle se moquait de lui, elle le trouvait lent, lourd, Suisse enfin.

—Où est-elle à présent, bonne mère, cette jolie Italienne?

— Ma foi, je n'en sais rien; elle s'en est allée comme elle était venue, sans que l'on sache où ni comment.

Tout au pied de la montagne, là où tu vois cette maison blanche, habitait alors un pauvre malade qu'elle charmait tellement par ses accents, qu'il se faisait approcher de la fenêtre, et restait fort tard à l'écouter chanter et jouer de la harpe; il en éprouvait beaucoup de soulagement. Nous avions tant de plaisir à l'entendre, que ton père se battait avec ceux qui voulaient approcher trop près d'elle; car aussitôt qu'elle s'apercevait qu'on se groupait pour l'écouter, elle cessait ses chants. M. Villiams, notre bon et excellent ministre l'avait bien défendu. « Veillez, mes amis, nous avait-il dit, à ce qu'il ne lui arrive rien de fâcheux. Goûtez le plaisir de l'entendre; mais ne la contrariez pas, vous l'empêcheriez de remplir une bonne action. » Vers la fin de la belle saison, le pauvre malade mourut, et légua tout son bien à la jeune Italienne; mais, comme je te l'ai dit, elle avait disparu, et il a été impossible de retrouver ses traces.

On dit dans le pays qu'elle a été enlevée. Il est certain toujours que M. Villiams a bien changé depuis. Il tenait tant à tout ce qui lui avait appartenu, qu'il

m'a donné une paire de boucles d'argent à facettes en échange du chapeau
de paille d'Italie qu'elle m'avait donné,
et qui était bien usé alors. Enfin, pour
se distraire, il a épousé une femme qui
serait sa mère ; mais il n'a pas cessé un
instant d'être le père du pauvre, l'appui de la veuve et de l'orphelin. C'est
un digne homme que notre bon pas-
teur ; il n'y a pas un chasseur dans le
pays qui ne donnât sa vie pour lui.

Mais voilà le pic des montagnes qui
se garnit de chasseurs. Ecoutons le son
des cors qui se répète dans le lointain ;
les députations qui arrivent par le lac
leur répondent.

Claudine était rêveuse ; Raoul, ce gar-

çon de ferme, si dévoué, si intelligent,
n'avait pas paru depuis quelques jours.
Chargé de la surveillance des troupeaux
dans la montagne, il n'était pas venu
l'aider dans les soins de tout genre
qu'il partageait toujours avec elle dans
les circonstances ordinaires, ce qui lui
avait donné le double d'occupation, et
lui avait fait passer presque la nuit ; il
lui avait été impossible de goûter un
instant de repos. Gertrude vit donc avec
peine que les traits de sa fille étaient
altérés, ce qui n'empêchait pas cependant qu'elle ne fût encore très-belle.
Un corset de velours noir, garni en
dentelle d'argent, faisait ressortir avec
avantage les formes un peu hardies

11.

mais parfaites de son corsage ; un jupon
de laine rouge, bordé en velours noir ;
des souliers bronzés, ornés de boucles
d'argent ; ses beaux cheveux châtains,
nattés avec des rubans de couleurs vives, et son chapeau de paille, garni aussi
de rubans, passé élégamment à son bras
comme une corbeille, complétaient sa
toilette. Elle descend lentement en donnant le bras à Gertrude, qui, ce jour-
là, marchait avec une vitesse extraor-
dinaire.

Arrivées dans la vallée, le tableau le
plus ravissant s'offre à leurs yeux.

Le vénérable syndic est assis sous un
grand marronnier. A côté du ministre,

les vieillards et les notables du septième canton sont à sa droite, ainsi que les députés des treize cantons, qui sont toujours choisis parmi les chasseurs les plus adroits et les plus heureux.

A sa gauche, treize jeunes filles, renommées pour les plus vertueuses et ayant le mieux mérité dans l'administration de leur ferme et leur respect envers leurs parents; de ce nombre est Claudine. Un murmure d'admiration, lorsqu'elle paraît, semble dire qu'elle est aussi la plus belle; le vif incarnat qui colore ses joues, en ce moment, en fait la plus ravissante jeune fille de la République helvétique.

En face du grand marronnier, s'élève

une colonne au-dessus de laquelle est placé le buste de Guillaume, orné de guirlandes.

Après un hymne, chanté en chœur à l'Eternel, le syndic prononce un discours qui a pour but de rappeler à ses compatriotes l'honorable Guillaume, dont la philanthropie et les lois sages ont été si utiles au bonheur et à l'indépendance de son pays. Il prend ensuite la coupe d'argent placée devant lui et qui doit être le prix décerné au plus adroit et intrépide chasseur; il nomme Raoul, qui est appelé trois fois et proclamé vainqueur, mais c'est vainement. Cette absence, cet oubli de la solennité est regardé comme une insulte au pays, à l'institution qu'il honore ; cela équivaut à un refus et place hors du concours le chasseur négligent. Un murmure d'improbation s'élève dans l'assemblée ; le plus habile, le plus méritant après lui, Raymond, est proclamé. La coupe couronnée de fleurs, remplie de lait, lui est offerte par le syndic ; il l'accepte et va l'offrir, selon l'antique usage, à la bergère de son choix, qui la porte à ses lèvres : c'est à Claudine qu'il s'adresse. Toute l'assemblée applaudit, il est le plus beau des chasseurs, elle est la plus sage des filles du canton ; elle rend la coupe à Raymond après l'avoir portée à ses lèvres

été retenu et entraîné depuis plusieurs jours à la suite du plus beau chamois qui eût paru depuis longtemps, s'était égaré en le poursuivant de rocher en rocher, et avait fini par tomber d'une hauteur prodigieuse dans un ravin, au moment où il venait d'atteindre avec sa carabine son superbe chamois. Ce ne fut donc que deux jours après sa chute qu'il fut aperçu et secouru par d'autres chasseurs, jaloux comme lui de se distinguer au concours. La peine extrême qu'ils avaient eue à le remonter et à le transporter à travers les rochers escarpés de cette nature sauvage les avait retardés. Raoul s'était brisé les clavicules, et l'épanchement intérieur du sang avait causé la mort pendant le trajet.

Ce récit fut fait au syndic par un des chasseurs qui l'avait secouru le premier; il avait joint tous ses efforts à ceux de ses compagnons pour transporter Raoul aux pieds de Claudine, où il avait demandé à rendre le *dernier soupir*.

Il fut déposé sous le grand marronnier, où Claudine, privée de la vie, fut transportée à ses côtés quelques heures après.

Un monument funéraire existe en cet endroit depuis cette époque. Un célèbre sculpteur a représenté le beau chamois, couché au pied des deux amants dont il a *causé la mort*.

A dater de cette malheureuse journée, le concours du prix de chasse fut
aboli, les vieillards et les magistrats
trouvant qu'il y avait du danger à exci-
ter la courageuse témérité des chasseurs
de chamois, dont la plupart périssent
à cette chasse dangereuse, et même
dans laquelle quelques-uns disparais-
sent sans laisser de traces.

FIN DU CHAMOIS.

TABLE.

—

FIN DE LA TABLE.

TYPOGRAPHIE HENNUYER, RUE DU BOULEVARD, 7. BATIGNOLLES.
Boulevard extérieur de Paris.